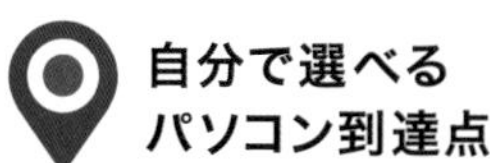

これからはじめる

ワード&エクセルの本

Office 2021/2019/Microsoft 365 対応版

技術評論社

本書の特徴

- 最初から通して読むと、体系的な知識・操作が身につきます
- 読みたいところから読んでも、個別の知識・操作が身につきます
- ダウンロードした練習ファイルを使って学習できます

本書の使い方

本文は、 01 、 02 、 03 …の順番に手順が並んでいます。 この順番で操作を行ってください。
それぞれの手順には、 ❶、 ❷、 ❸…のように、 数字が入っています。
この数字は、 操作画面内にも対応する数字があり、 操作を行う場所と、 操作内容を示しています。

4-1 練習ファイル 04-01a 完成ファイル 04-01b

写真を入れよう

文書に写真を入れて飾ります。 ここでは、 パソコンに保存してある写真を追加します。
写真が保存されている場所を指定してから追加する写真を選びます。

01 場所を指定する

写真を入れる場所を左クリックして文字カーソルを表示します❶。

02 写真を選択する準備をする

[挿入]タブを左クリックします❶。 ([画像を挿入します] ボタン) を左クリックし❷、 このデバイス... を左クリックします❸。

03 写真を選択する

写真の保存先を左クリックして選択します❶。 追加する写真を左クリックします❷。 挿入(S) を左クリックします❸。

Memo
ここでは、 練習ファイルの「湖の写真」という写真のファイルを選択しています。

04 写真が表示された

選択した写真が表示されました。

Check!
写真の明るさを変更する

写真の明るさやコントラストなどを変更するには、 写真を左クリックして選択し❶、 [図の形式] タブの ([修整] ボタン) を左クリックします❷。 表示される画面で、 明るさやコントラストを一覧から選択します❸。

第4章 写真・図形を利用しよう

68 69

この章で学ぶこと

具体的な操作方法を解説する章の冒頭の見開きでは、その章で学習する内容をダイジェストで説明しています。このページを見て、これからやることのイメージを掴んでから、実際の操作にとりかかりましょう。

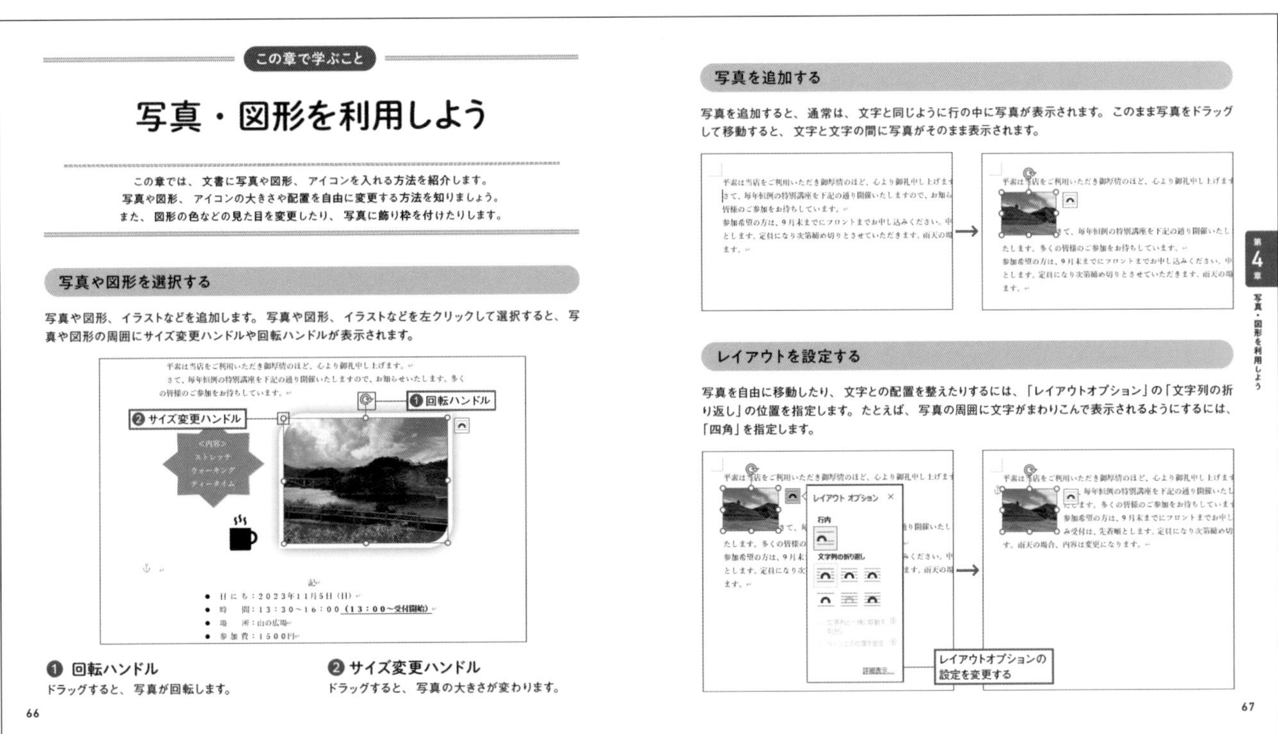

この章で学ぶこと

写真・図形を利用しよう

この章では、文書に写真や図形、アイコンを入れる方法を紹介します。
写真や図形、アイコンの大きさや配置を自由に変更する方法を知りましょう。
また、図形の色などの見た目を変更したり、写真に飾り枠を付けたりします。

写真や図形を選択する

写真や図形、イラストなどを追加します。写真や図形、イラストなどを左クリックして選択すると、写真や図形の周囲にサイズ変更ハンドルや回転ハンドルが表示されます。

❶ 回転ハンドル
ドラッグすると、写真が回転します。

❷ サイズ変更ハンドル
ドラッグすると、写真の大きさが変わります。

66

写真を追加する

写真を追加すると、通常は、文字と同じように行の中に写真が表示されます。このまま写真をドラッグして移動すると、文字と文字の間に写真がそのまま表示されます。

レイアウトを設定する

写真を自由に移動したり、文字との配置を整えたりするには、「レイアウトオプション」の「文字列の折り返し」の位置を指定します。たとえば、写真の周囲に文字がまわりこんで表示されるようにするには、「四角」を指定します。

67

第4章 写真・図形を利用しよう

動作環境について

- 本書は、Word 2021 / Excel 2021 / Microsoft 365を対象に、操作方法を解説しています。
- 本文に掲載している画像は、Windows 11とWord 2021 / Excel 2021 / Microsoft 365の組み合わせで作成しています。Word 2021 / Excel 2021では、操作や画面に多少の違いがある場合があります。詳しくは、本文中の補足解説を参照してください。
- Windows 11以外のWindowsを使って、Word 2021 / Excel 2021 / Microsoft 365を動作させている場合は、画面の色やデザインなどに多少の違いがある場合があります。

練習ファイルの使い方

練習ファイルについて

本書の解説に使用しているサンプルファイルは、以下のURLからダウンロードできます。

https://gihyo.jp/book/2023/978-4-297-13487-7/support

練習ファイルと完成ファイルは、レッスンごとに分けて用意されています。たとえば、「7-3　データを修正しよう」の練習ファイルは、「07-03a」という名前のファイルです。また、完成ファイルは、「07-03b」という名前のファイルです。

練習ファイルをダウンロードして展開する

01

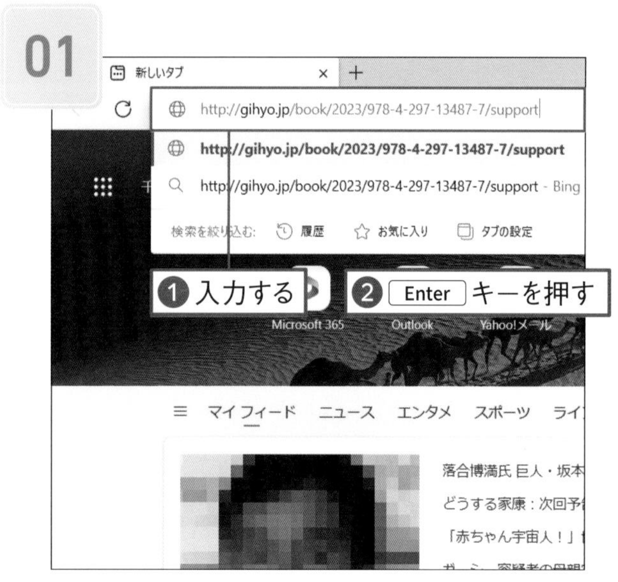

ブラウザー（ここではMicrosoft Edge）を起動して、上記のURLを入力し❶、Enter キーを押します❷。

02

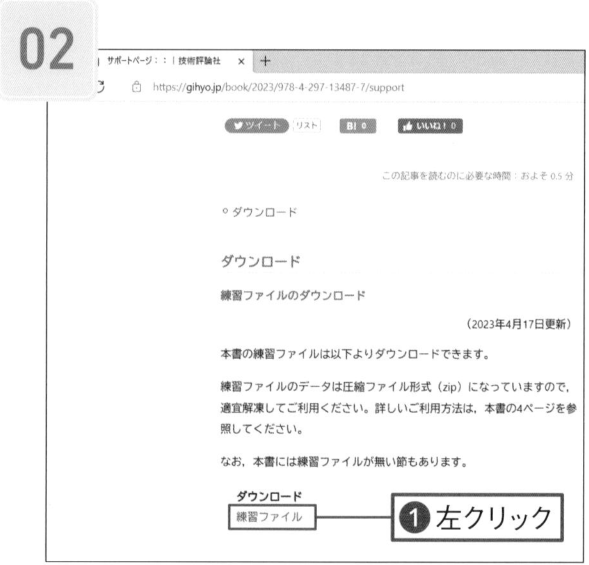

表示されたWebページにある［ダウンロード］欄の［練習ファイル］を左クリックします❶。

03

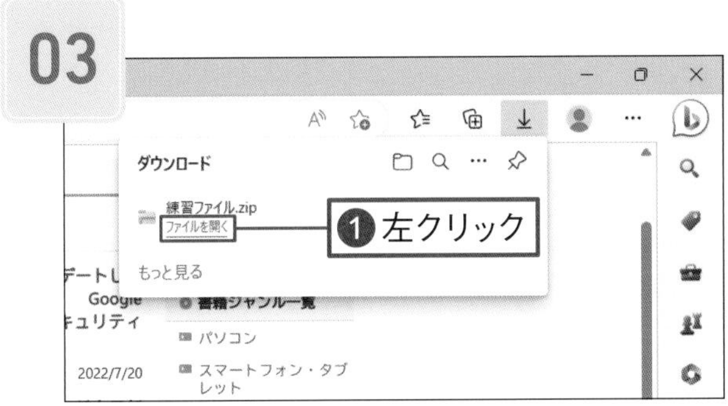

ファイルがダウンロードされます。［ファイルを開く］を左クリックします❶。

04

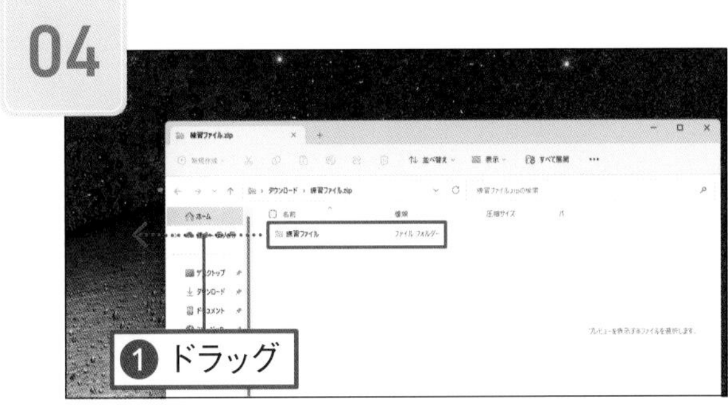

エクスプローラーが開くので、表示されたフォルダーを左クリックして❶、デスクトップの何もないところにドラッグします❷。

05

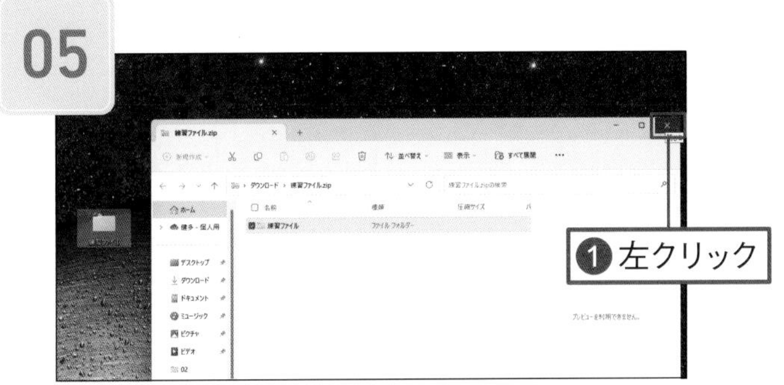

展開されたフォルダーがデスクトップに表示されます。 × を左クリックして❶、エクスプローラーを閉じます。

06

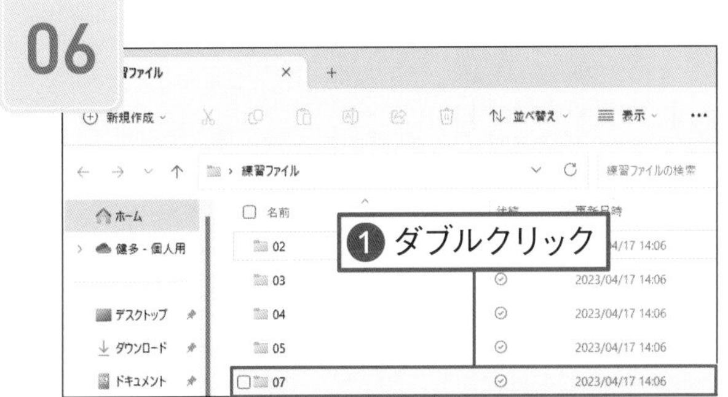

展開されたフォルダーをダブルクリックします。各章のフォルダーが表示されるので、開きたい章のフォルダーをダブルクリックします❶。

07

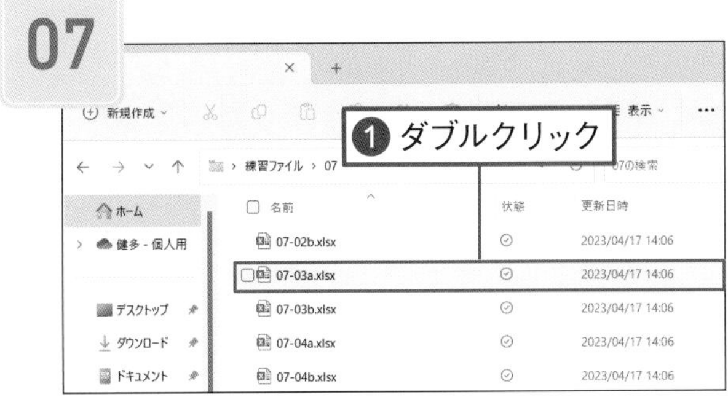

レッスンごとに練習ファイル（末尾が「a」のファイル）と完成ファイル（末尾が「b」のファイル）が表示されます。開きたいファイルをダブルクリックします❶。

08

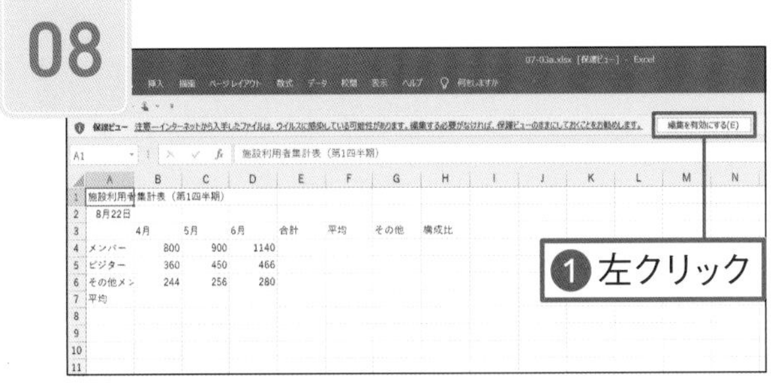

ワードまたはエクセルが起動して、ファイルが開きます。メッセージが表示される場合は、［編集を有効にする］を左クリックすると❶、操作を行うことができます。

Contents

Chapter 3　文書の見た目を整えよう

Chapter 4　写真・図形を利用しよう

Chapter 5　ワードで印刷しよう

Chapter 6　エクセルの基本操作を身に付けよう

Chapter 7 データを入力・編集しよう

Chapter 8 表の見た目を整えよう

Chapter 9 計算しよう

Chapter 10 グラフを作ろう

Chapter 11 エクセルで印刷しよう

Chapter 12 ワードとエクセルを連携させよう

免責

- 本書に記載された内容は、情報の提供のみを目的としています。したがって、本書を用いた運用は、必ずお客様自身の責任と判断によって行ってください。これらの情報の運用の結果について、技術評論社および著者はいかなる責任も負いません。
- ソフトウェアに関する記述は、特に断りのない限り、2023年4月現在の最新バージョンをもとにしています。ソフトウェアはバージョンアップされる場合があり、本書の説明とは機能や画面図などが異なってしまうこともありえます。本書の購入前に、必ずバージョンをご確認ください。

以上の注意事項をご承諾いただいた上で、本書をご利用願います。これらの注意事項をお読みいただかずに、お問い合わせいただいても、技術評論社および著者は対処いたしかねます。あらかじめ、ご承知おきください。

商標、登録商標について

Chapter 1

ワードの基本操作を身に付けよう

この章では、ワードを使うときに知っておきたい基本操作を紹介します。ワードを起動して、画面各部の名称や役割を知りましょう。文書の保存や、保存した文書を開くなど、ファイル操作も確認します。今後の基本となる操作なのでしっかりマスターしましょう。

1-1

練習ファイル なし　完成ファイル なし

ワードを起動・終了しよう

スタートメニューを表示して、ワードを起動してみましょう。ワードが起動したら、白紙の文書を表示して文書を作成する準備をします。また、使い終わったあとに、ワードを終了する方法も紹介します。

01 スタートメニューを表示する

（[スタート]ボタン）を左クリックします❶。すべてのアプリ を左クリックします❷。

Memo

Windows 10を使用している場合は、スタートボタンを左クリックして、表示されるアプリ一覧からワードの項目を左クリックします。

02 ワードを起動する

マウスポインターをスタートメニューの中に移動してマウスホイールを下に回転させて❶、メニューの下を表示します。 Word を左クリックします❷。

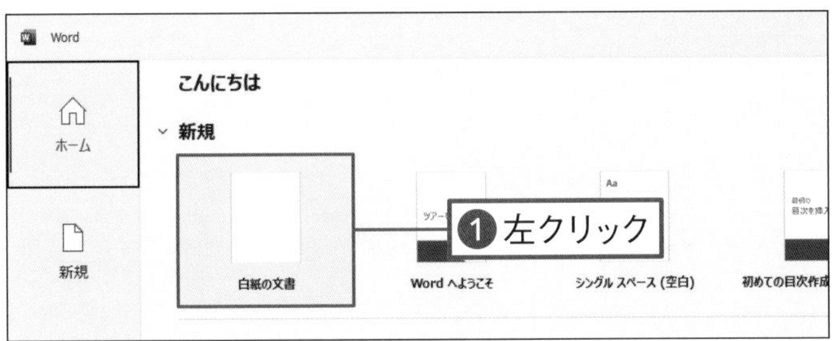

03 新規文書を作成する

ワードが起動しました。 白紙の文書 を左クリックします❶。

04 新規文書が作成された

白紙の文書が作成されました。

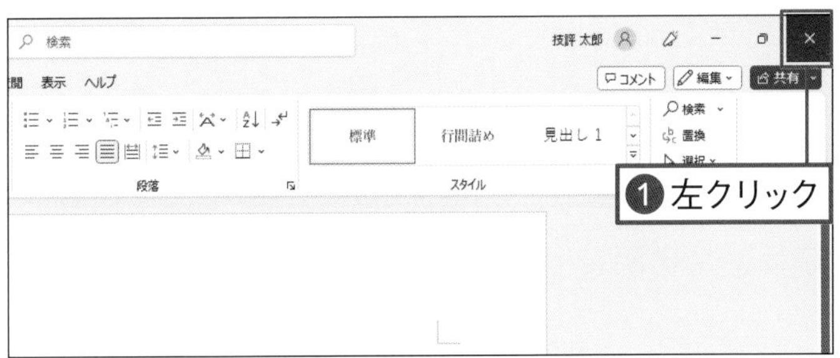

05 ワードを終了する

ワードを終了するには、 ウィンドウの右上の ✕ ([閉じる] ボタン) を左クリックします❶。

Check!

終了時にメッセージが表示された場合

手順 05 で ✕ ([閉じる] ボタン) を左クリックしたときに、 右のような画面が表示される場合があります。 これは、 マイクロソフトアカウントでサインインしていて(17ページ参照)、文書を保存せずにワードを終了しようとしたときに表示されるメッセージで、 OneDrive やパソコン内のファイルを保存するときに使用します。 18ページで紹介する方法でファイルを保存するには、 その他のオプション... を左クリックします❶。 また、 別のメッセージが表示された場合は、 97ページを参照してください。

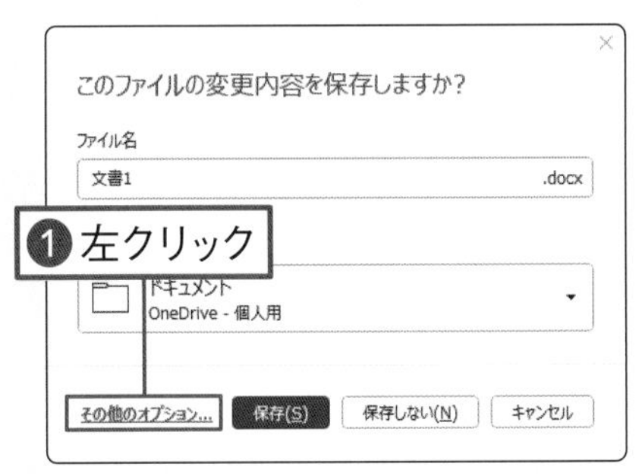

練習ファイル なし　完成ファイル なし

ワードの画面の見方を知ろう

ワードの画面各部の名称と役割を確認しましょう。 名称を忘れてしまった場合は、このページに戻って確認します。 なお、 画面は、 ウィンドウの大きさなどによって異なります。

ワードの画面構成

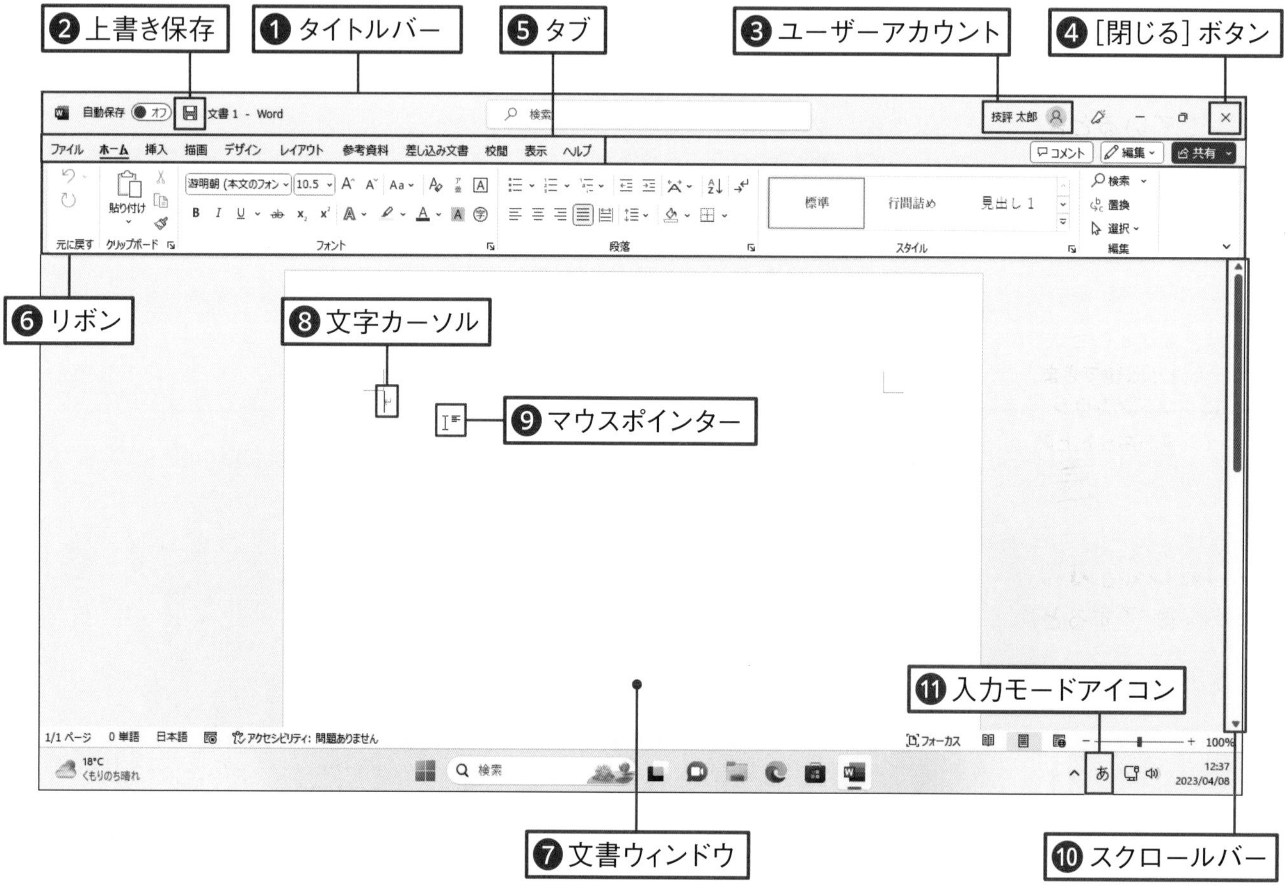

❷上書き保存
❶タイトルバー
❺タブ
❸ユーザーアカウント
❹[閉じる] ボタン
❻リボン
❽文字カーソル
❾マウスポインター
⓫入力モードアイコン
❼文書ウィンドウ
❿スクロールバー

❶ タイトルバー

文書の名前が表示されるところです。

❷ 上書き保存

文書を上書きして保存します。

> **Memo**
> 画面の左上には、よく使うボタンを配置するクイックアクセスツールバーを表示できます。ワード 2019を使用している場合は、クイックアクセスツールバーに[上書き保存]ボタンが表示されます。クイックアクセスツールバーは、タブやリボンを右クリックすると表示されるメニューから、表示するかどうかを切り替えられます。

❸ ユーザーアカウント

マイクロソフトアカウントでOfficeソフトにサインインしているとき、アカウントの氏名が表示されます。サインインしていない場合は、サインイン を左クリックしてサインインできます。

> **Memo**
> マイクロソフトアカウントとは、マイクロソフト社が提供するさまざまなサービスを利用するときに使うアカウントです。無料で取得できます。ワードなどのOfficeソフトにマイクロソフトアカウントでサインインすると、OneDriveというインターネット上のファイル保存スペースにファイルを保存できます。

❹［閉じる］ボタン

ワードを終了するときに使います。

❼ 文書ウィンドウ

文書を作成する用紙です。文字を入力したり文書を編集したりするときは、この中で行います。

❽ 文字カーソル

文字の入力を始める位置を示しています。ペン先と考えるとわかりやすいでしょう。

❾ マウスポインター

マウスの位置を示しています。マウスポインターの形はマウスの位置によって変わります。

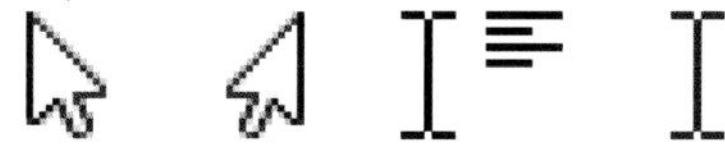

❿ スクロールバー

縦方向のスクロールバーをドラッグすると、文書を上下にずらせます。横方向のスクロールバーをドラッグすると、文書を左右にずらせます。マウスホイールを回転することでもスクロールバーが動きます。

⓫ 入力モードアイコン

画面下のタスクバーに、日本語入力モードの状態が表示されます。あ と表示されているときは日本語入力が有効です。ここは、ワードの画面の一部ではありませんが、文字を入力するときに重要な部分なので覚えておきましょう。

❺ タブ／❻ リボン

ワードで実行する機能が、「タブ」ごとに分類され、リボンに表示されています。

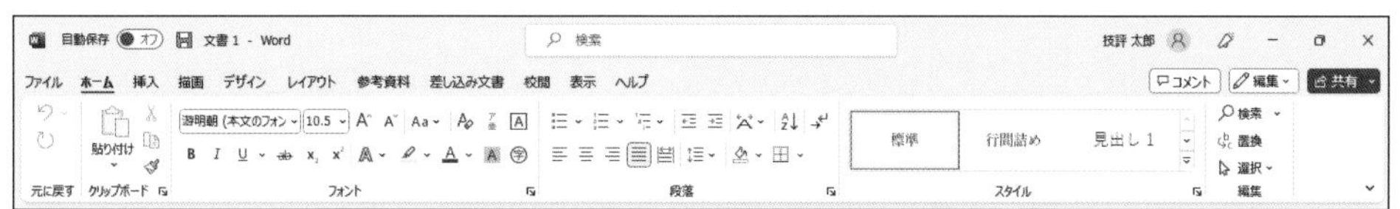

1-3　練習ファイル なし　完成ファイル なし

文書を保存しよう

文書をあとでまた使えるようにするには、文書を保存します。文書を保存するときは、保存場所とファイル名を指定します。ここでは、自分のパソコンの「ドキュメント」フォルダーに保存します。

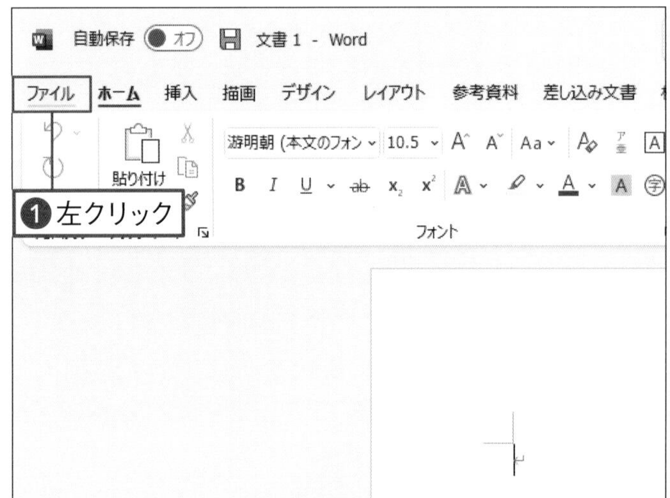

01 保存の準備をする

[ファイル] タブを左クリックします❶。Backstageビューが表示されます。

Memo

「ファイル」タブを左クリックすると、ファイルの基本操作などを行う、Backstageビューという画面が表示されます。Backstageビューに表示される内容は、ワードのバージョンによって若干異なります。

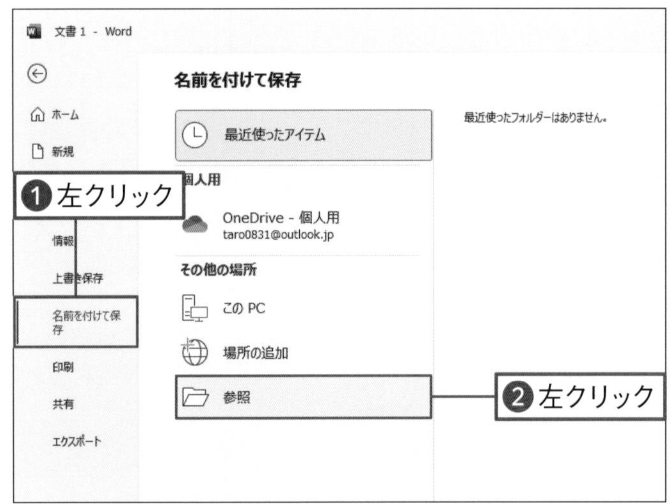

02 保存の画面を開く

[名前を付けて保存] を左クリックします❶。[参照] を左クリックします❷。

Memo

ここでは、[ドキュメント] フォルダーに「保存の練習」という名前で文書を保存します。

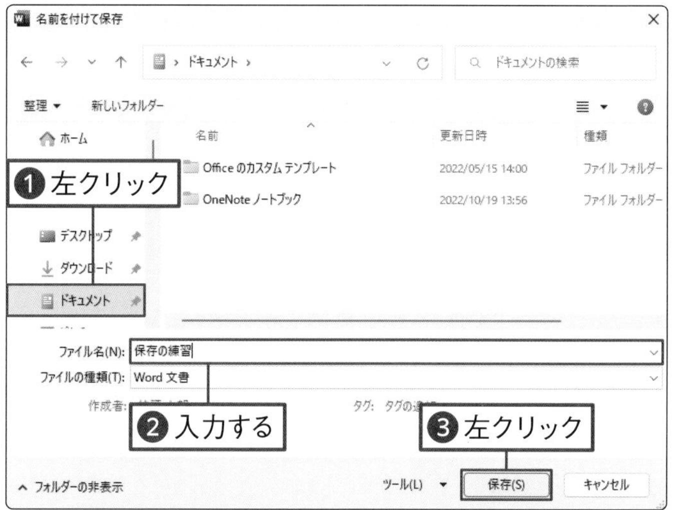

03 名前を付けて保存する

［ドキュメント］を左クリックします❶。［ファイル名］の欄にファイルの名前を入力します❷。［保存(S)］を左クリックします❸。

Memo

［名前を付けて保存］の画面にフォルダー一覧が表示されていない場合は、画面の左下の［フォルダーの参照(B)］を左クリックします。

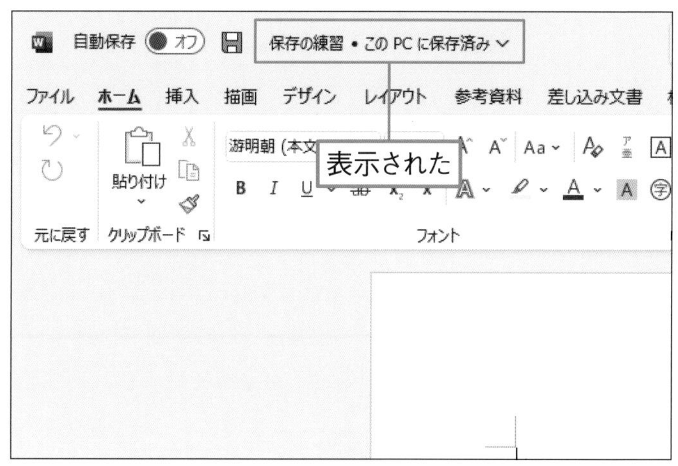

04 文書が保存された

文書が保存されました。タイトルバーにファイル名が表示されます。15ページの方法で、ワードを終了します。

Memo

文書は、ファイルという単位で保存されます。

Check!

ファイルを上書き保存する

一度保存した文書を修正した後、更新して保存するには、画面左上の［上書き保存］ボタン）を左クリックします❶。すると、文書が上書き保存されます。

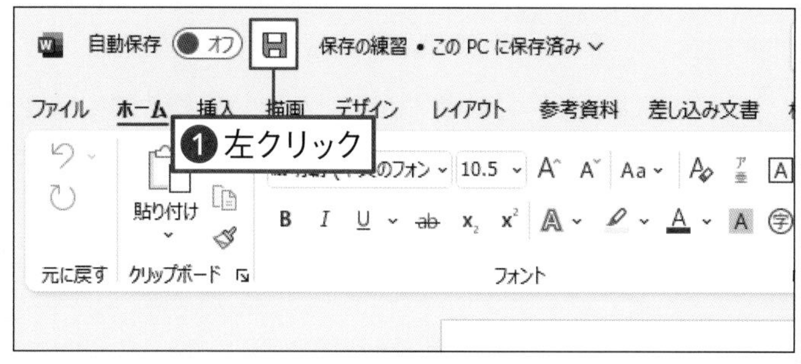

1-4

練習ファイル なし 完成ファイル なし

保存した文書を開こう

保存した文書を呼び出して表示することを、文書を開くといいます。文書を開くときは、保存先とファイル名を選択して指定します。ここでは、18ページで保存した文書を開いてみましょう。

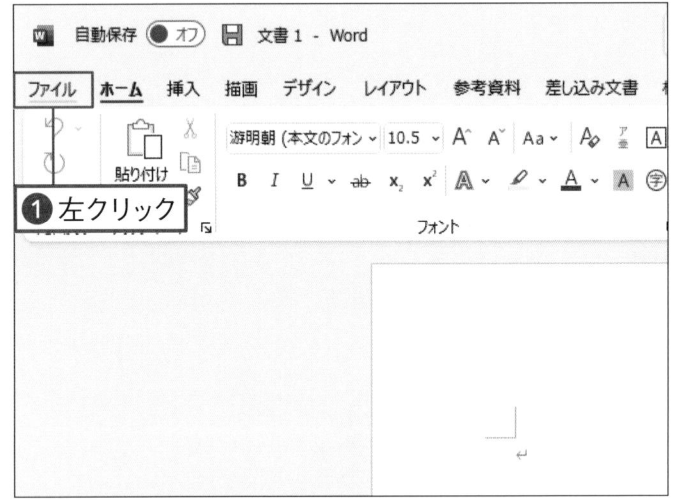

01 文書を開く準備をする

14ページの方法で、ワードを起動しておきます。[ファイル]タブを左クリックします❶。

Memo

デスクトップやエクスプローラーの画面で、保存した文書のアイコンをダブルクリックしても、ファイルを開くことができます。

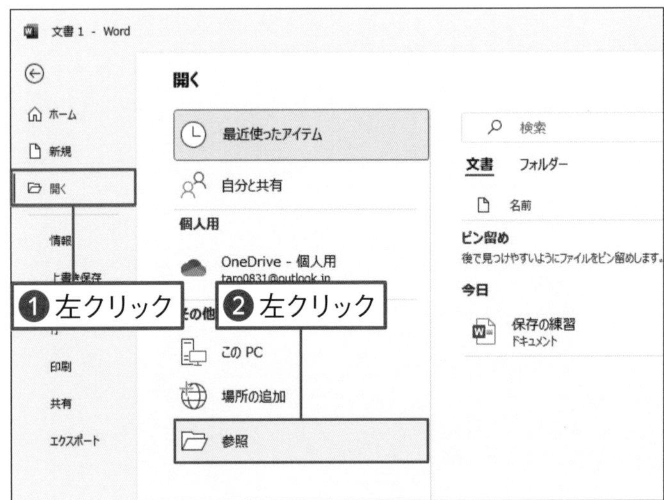

02 文書を開く画面を表示する

[開く] を左クリックします❶。[参照] を左クリックします❷。

Memo

ワードを起動した直後に表示される画面の左側に表示される、(［開く］ボタン)を左クリックしても、ファイルを開くことができます。

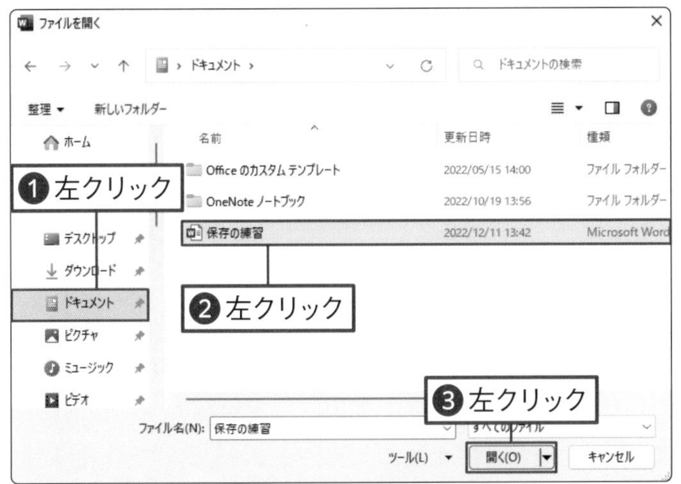

03 文書を開く

［ドキュメント］を左クリックします❶。開くファイルを左クリックします❷。［開く(O)］を左クリックします❸。

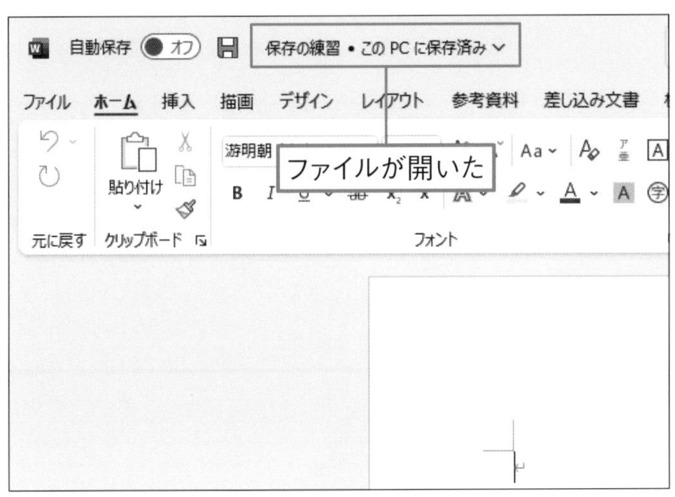

04 文書が開いた

文書が開きました。タイトルバーにファイル名が表示されます。

Memo

Backstageビューの画面を閉じて元の画面に戻るには、画面左上の㊧を左クリックします。

Check!

一覧からファイルを開く

手順 02 の画面で［最近使ったアイテム］を左クリックすると❶、最近使用したファイルの一覧が表示されます。開きたいファイルが表示されている場合、ファイル名を左クリックすると❷、ファイルが開きます。

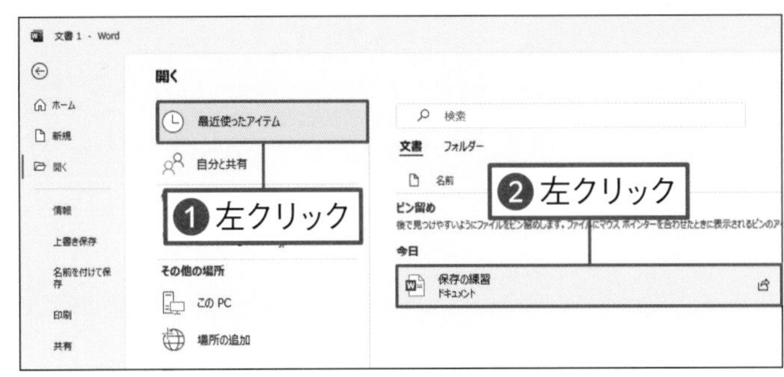

第1章 練習問題

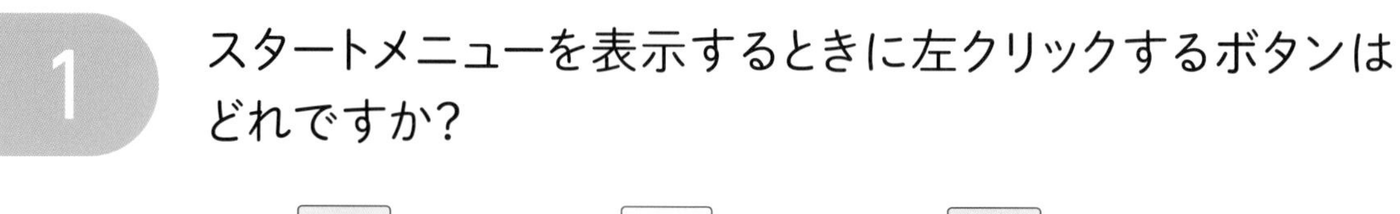

1 スタートメニューを表示するときに左クリックするボタンはどれですか？

1　2 A　3

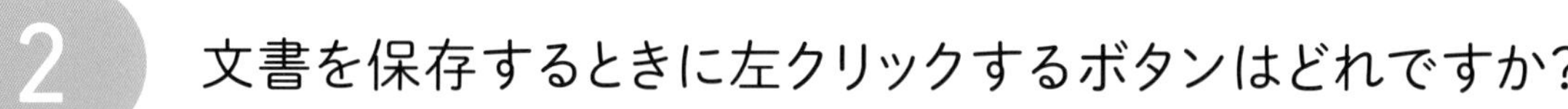

2 文書を保存するときに左クリックするボタンはどれですか？

1　2　3

3 文書を開くなど、ファイルに関する基本操作を行うときに使用するタブはどれですか？

1 ファイル　2 ホーム　3 挿入

Chapter 2

文字を入力・編集しよう

この章では、ワードで文字を入力するときの基本操作を紹介します。ワードの入力を支援する機能をうまく利用しながら、手早く文字を入力するコツを知りましょう。また、入力した文字を活用して文字を移動したりコピーしたりして効率よく文章を入力します。

この章で学ぶこと

文字を入力・編集しよう

この章では、ワードで文字を入力するときの基本を紹介します。
文字の入力や修正方法、記号の入力方法などを覚えましょう。
また、入力支援機能を利用して効率よく文章を入力する方法も知りましょう。

文字を入力する

白紙の文書を用意して、文字を入力します。間違えて入力した文字は削除して修正しましょう。また、入力した文字は、別の場所に移動したり、コピーしたりして利用できます。

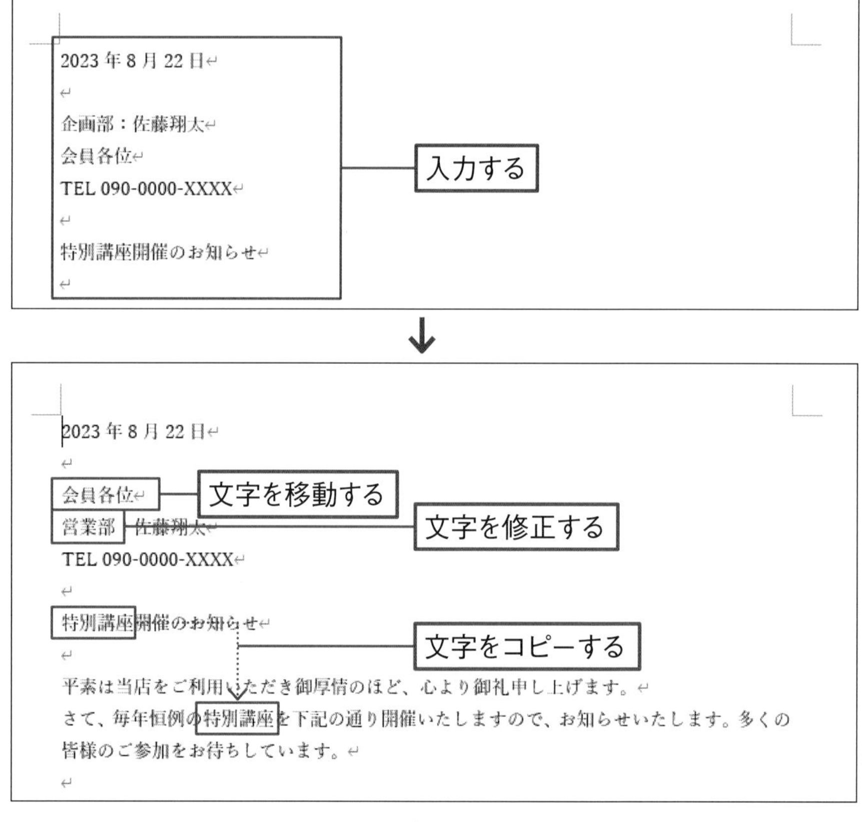

入力支援機能を利用する

ワードでは、文字の入力中に入力を支援する機能が自動的に働きます。たとえば、「記」を入力すると、「以上」の文字が表示され、文字の配置も自動的に整えられます。

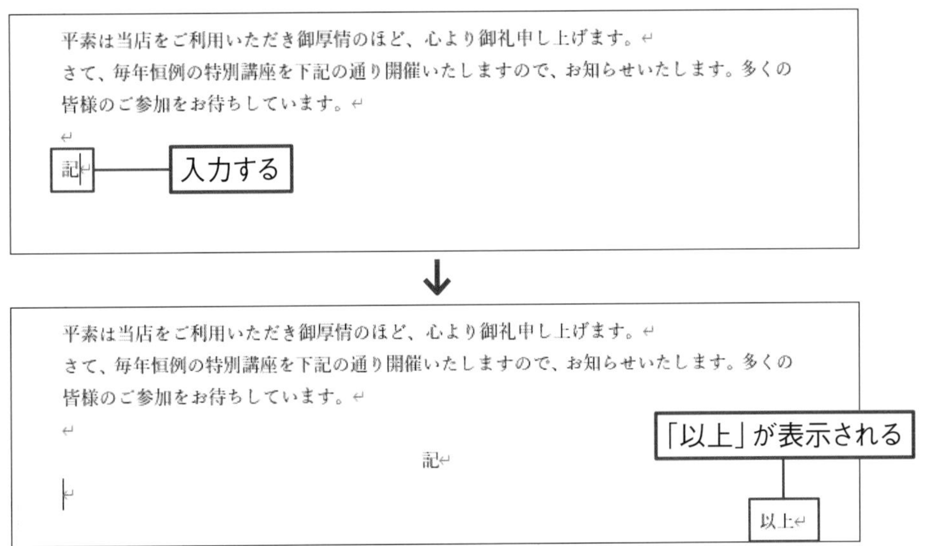

記号を入力する

キーボードに表記されていない記号を入力する方法を覚えましょう。記号のよみを入力して記号に変換します。

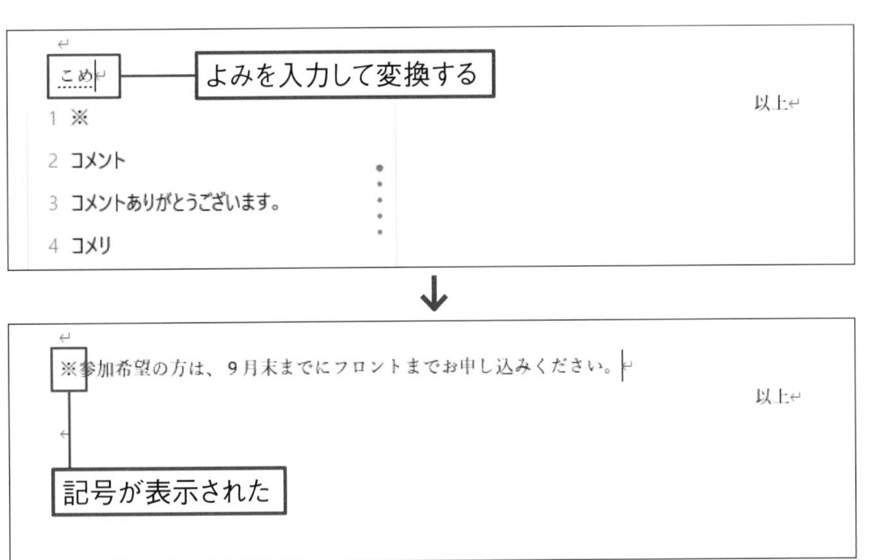

第2章 文字を入力・編集しよう

2-1

練習ファイル なし　完成ファイル 02-01b

文字を入力しよう

案内文書を作成しながらワードの基本的な使い方を紹介します。まずは、案内文書の日付や宛先、差出人などを入力します。文字を入力するときは、日本語入力モードの状態を確認しましょう。

日付を入力する

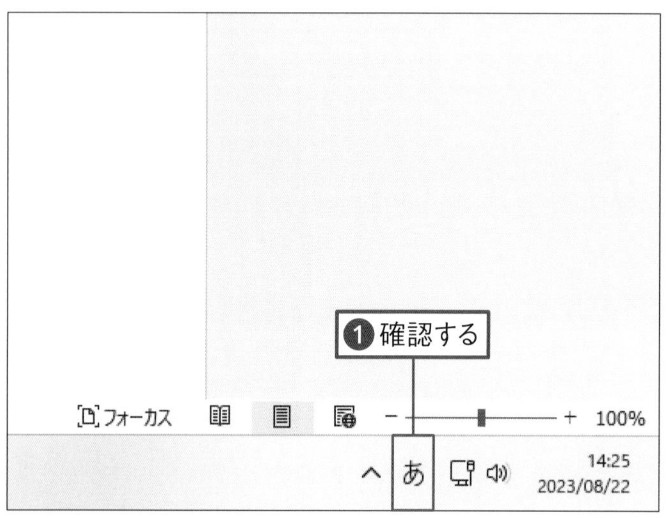

01 日本語入力モードを確認する

ワードを起動し、新しい文書を準備します。タスクバーに あ と表示されているか確認します❶。表示が A の場合は、半角/全角キーを押して日本語入力モードをオンにします。

Memo

本書では、ローマ字入力で文字を入力する方法を紹介します。かな入力で文字を入力するには、あ を右クリックし、かな入力(オフ) を左クリックします。

2023 年

❶入力する

❷ Enter キーを押す

02 年を入力する

今年の年を入力し❶、Enter キーで決定します❷。

Memo

和暦の日付を入力するには、「令和」のように現在の年号を入力して Enter キーを押します。

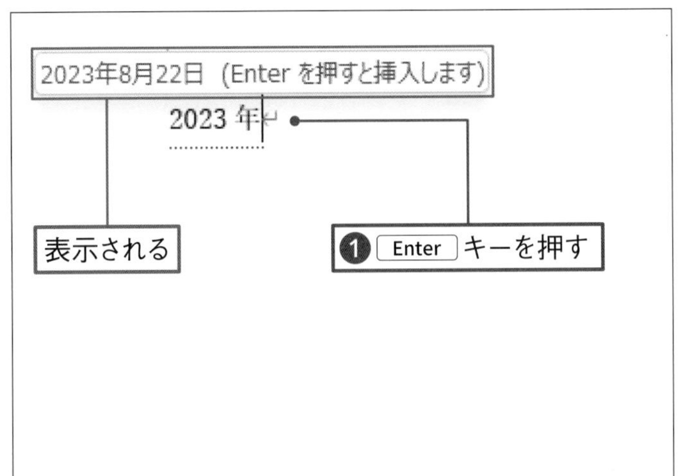

03 日付が表示される

今日の日付が表示されます。Enter キーを押します❶。

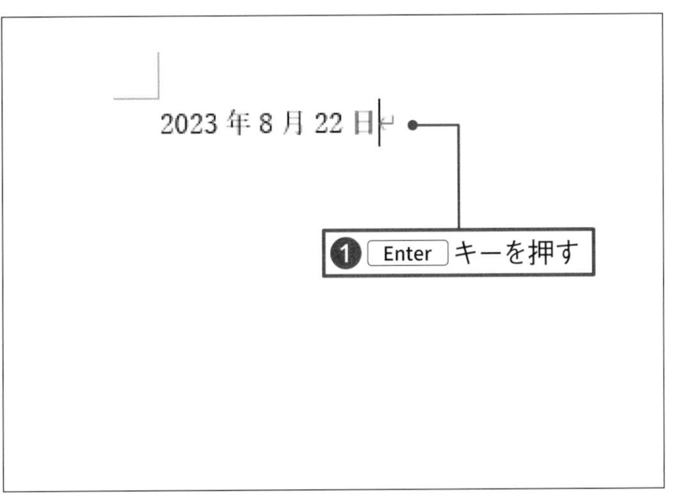

04 日付が入力された

今日の日付が入力できました。Enter キーを押して改行します❶。次の行の行頭にカーソルが移動します。

Memo

改行した箇所には、↵が表示されます。なお、↵の次の行から次の↵までを段落と言います。文字の配置などは、段落単位に指定できます。

空白行を入れる

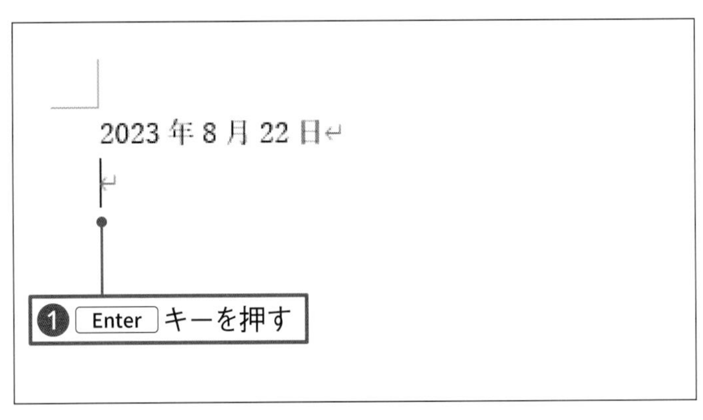

01 改行する

行頭に文字カーソルがある状態で、Enter キーを押します❶。

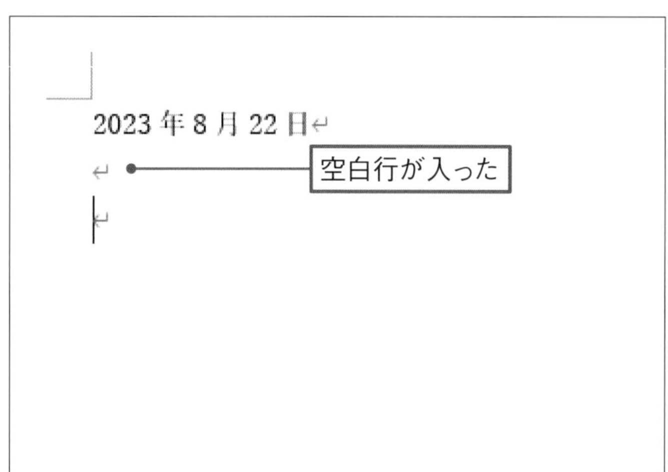

02 改行された

次の行の行頭に文字カーソルが移動しました。 空白行が入りました。

文字を入力する

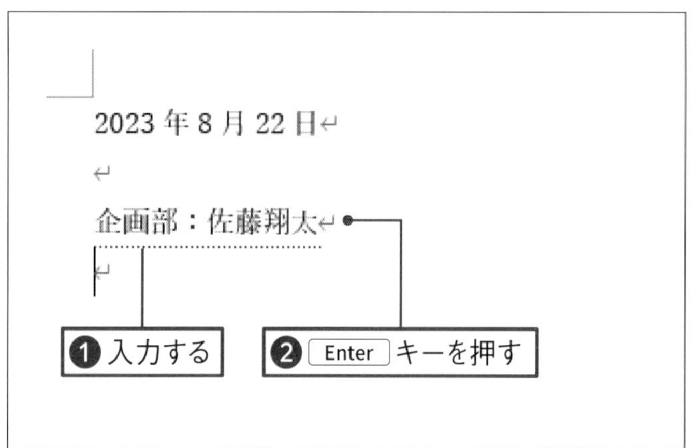

01 差出人を入力する

文書の差出人を入力し❶、 Enter キーを押して改行します❷。

Memo

「：」は、 ： キーを押して入力します。 または、 記号の読みの「ころん」を入力し、「：」に変換します。記号に変換する方法は、 40ページで紹介します。

2023年8月22日
企画部：佐藤翔太
会員各位
❶入力する
❷ Enter キーを押す

02 続きの文字を入力する

宛先を入力し❶、 Enter キーを押します❷。

Memo

入力した文字を別の場所に移動する方法は、34ページで紹介しています。 ここでは、 とりあえず左のように文字を入力します。

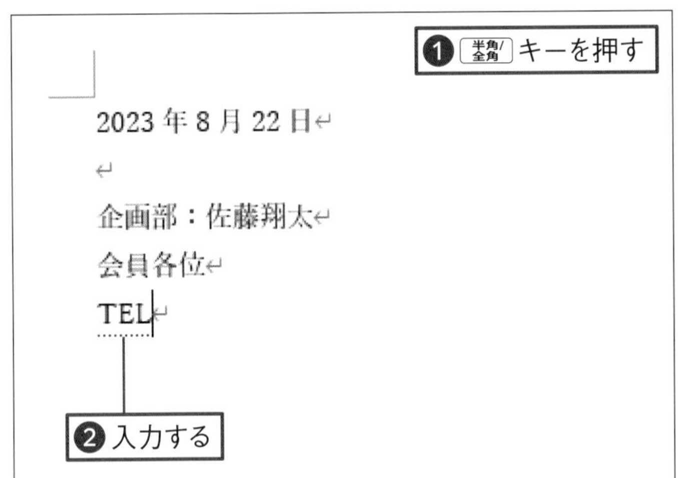

03 半角文字を入力する

半角/全角キーを押して❶、日本語入力をオフにします。アルファベットを入力します❷。

Memo

アルファベットの大文字を入力するには、Shiftキーを押しながらアルファベットのキーを押します。

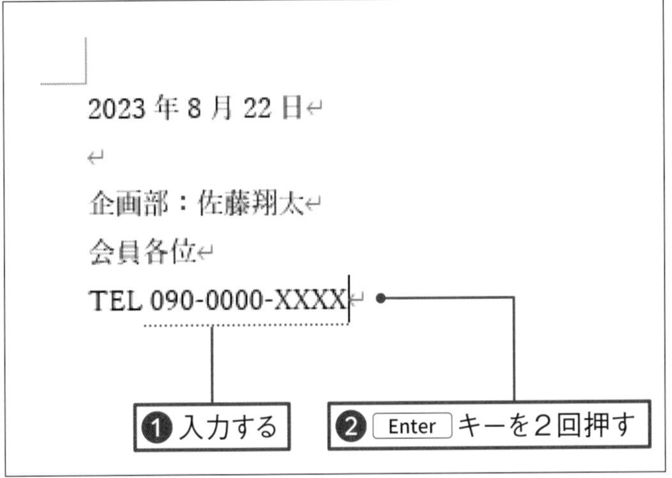

04 半角数字を入力する

スペースキーを押して半角の空白を入力します。続いて数字を入力し❶、Enterキーを2回押します❷。

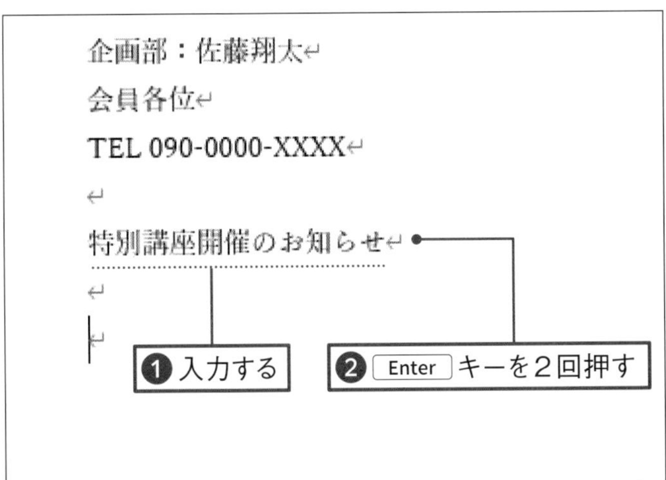

05 改行する

半角/全角キーを押して日本語入力モードをオンにして、タイトルを入力し❶、Enterキーを2回押します❷。

Memo

半角/全角キーを押すと、日本語入力モードのオンとオフを交互に切り替えられます。

練習ファイル 02-02a 完成ファイル なし

文字を選択しよう

文字に飾りを付けたり、文字を移動したりするには、最初に対象の文字を選択します。文字単位や行単位で文字を選択する方法を知っておきましょう。複数個所を選択することもできます。

文字を選択する

2023年8月22日

企画部：佐藤翔太

会員各位

TEL 090-0000-XXXX

❶マウスポインターを移動する

特別講座開催のお知らせ

01 マウスポインターを移動する

文字単位で文字を選択します。選択する文字の左端にマウスポインターを移動します❶。

Memo

単語を選択するには、単語内の文字のいずれかをダブルクリックする方法もあります。

2023年8月22日

企画部：佐藤翔太

会員各位

❶ドラッグ

文字が選択された

特別講座開催のお知らせ

02 文字を選択する

選択する文字をドラッグします❶。選択した文字はグレーになって表示されます。

Memo

文字の選択を解除するには、文書内の何もないところを左クリックします。

行単位で選択する

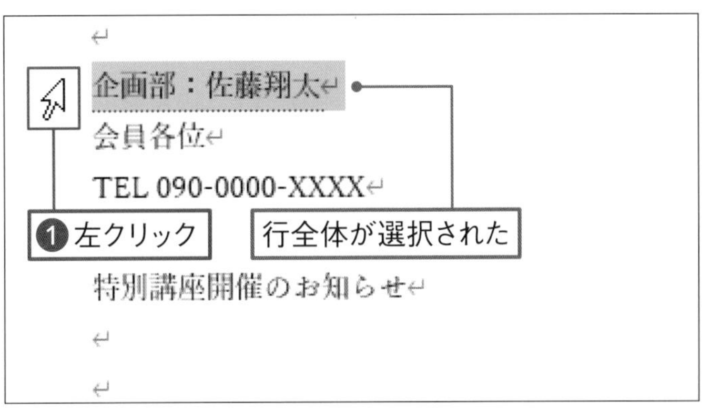

01 行を選択する

選択したい行の左の余白部分を左クリックします❶。行全体が選択されます。

離れた文字を同時に選択する

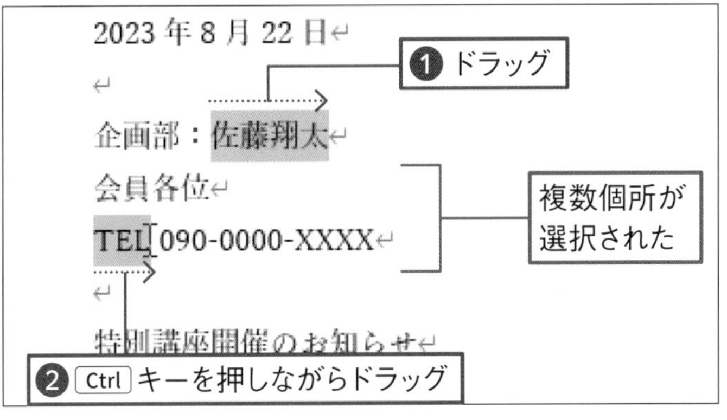

01 離れた文字を選択する

選択する文字をドラッグします❶。Ctrlキーを押しながら、同時に選択する文字をドラッグします❷。

Check!

キーボードで選択する

キー操作で文字を選択するには、Shiftキーを押しながら↑↓←→キーを押します。そうすると、文字カーソルのある位置を基準に文字を選択できます。たとえば、Shiftキーを押しながら→キーを2回押すと❶、文字カーソルがある場所の右の2文字を選択できます。

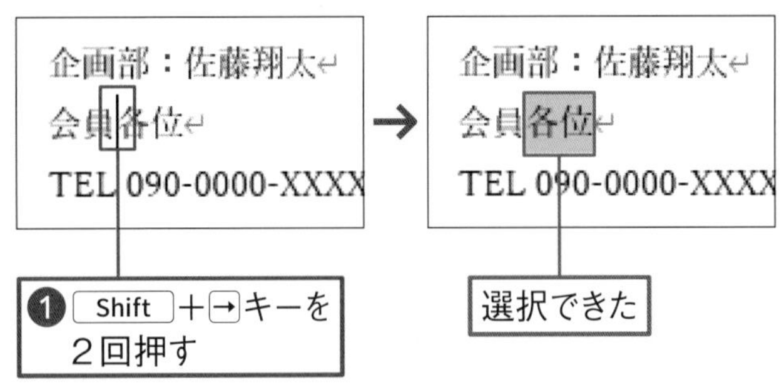

練習ファイル 02-03a　完成ファイル 02-03b

文字を削除／挿入しよう

間違えて入力した文字を修正するには、文字を削除して書き直します。文字カーソルの右側の文字を消すには、Delete キーを使います。ここでは、「企画」の文字を「営業」に変更します。

文字を削除する

2023 年 8 月 22 日
企画部：佐藤翔太
会員各位
TEL 090-0000-XXXX
❶左クリック　❷ Delete キーを２回押す
特別講座開催のお知らせ

01 文字カーソルを移動する

消したい文字の左端を左クリックして❶、文字カーソルを移動します。Delete キーを２回押します❷。

Memo

指定した範囲をまとめて削除するには、削除する範囲を選択したあと、Delete キーを押します。

2023 年 8 月 22 日
部：佐藤翔太
会員各位
TEL 090-0000-XXXX
文字が消えた
特別講座開催のお知らせ

02 文字を削除する

文字カーソルの右（後）の2文字が消えます。

Memo

Back Space キーを押すと、文字カーソルの左（前）の文字が消えます。

文字を追加する

2023年8月22日
部：佐藤翔太
会員各位
TEL 090-0000-XXXX
❶左クリック
特別講座開催のお知らせ

01 文字カーソルを移動する

文字を追加する場所を左クリックして❶、文字カーソルを移動します。

❶入力する
2023年8月22日
営業部：佐藤翔太
会員各位
TEL 090-0000-XXXX
文字が追加された
特別講座開催のお知らせ

02 文字を入力する

文字を入力します❶。文字が追加されました。

Check!

操作を元に戻す

間違ってデータを消してしまった場合などは、あわてずに[ホーム]タブ(または、[クイックアクセスツールバー])の↶([元に戻す]ボタン)を左クリックします❶。すると、操作を行う前の状態に戻せます。↶([元に戻す]ボタン)を左クリックするたびに、さらに前の状態に戻ります。操作を元に戻し過ぎてしまった場合は、↷([やり直し]ボタン)を左クリックすると、元に戻す前の状態に戻せます。

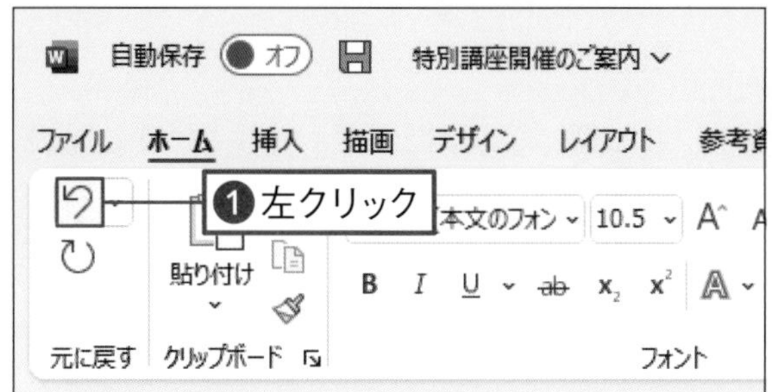

練習ファイル 02-04a　完成ファイル 02-04b

文字を移動しよう

既に入力してある文字を別の場所に移動します。移動する文字を選択してから切り取り、貼り付け操作をします。ここでは、差出人を入力した行を切り取って別の場所に貼り付けます。

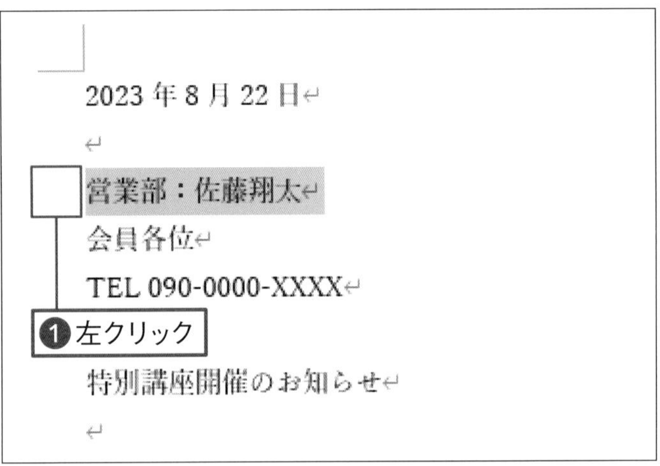

01 文字を選択する

移動する文字を選択します。ここでは、移動する行の左の余白部分で左クリックして行全体を選択しています❶。

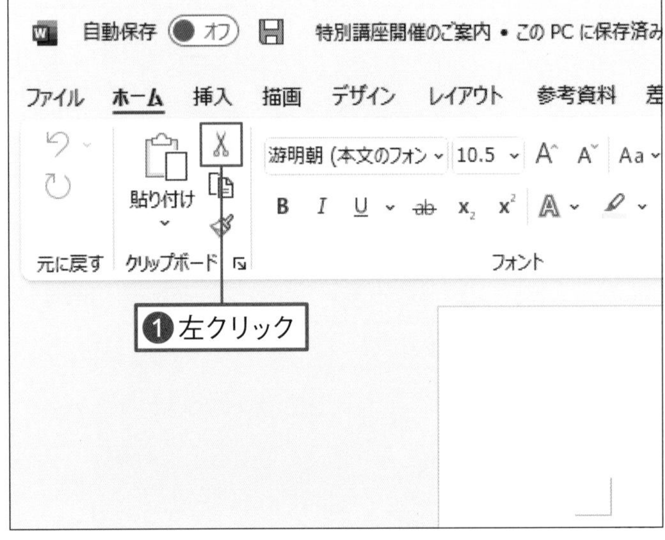

02 文字を切り取る

[ホーム]タブの ([切り取り]ボタン)を左クリックします❶。選択していた文字が切り取られます。

Memo

ショートカットキーで切り取りの操作をするには、Ctrl キーを押しながら X キーを押します。

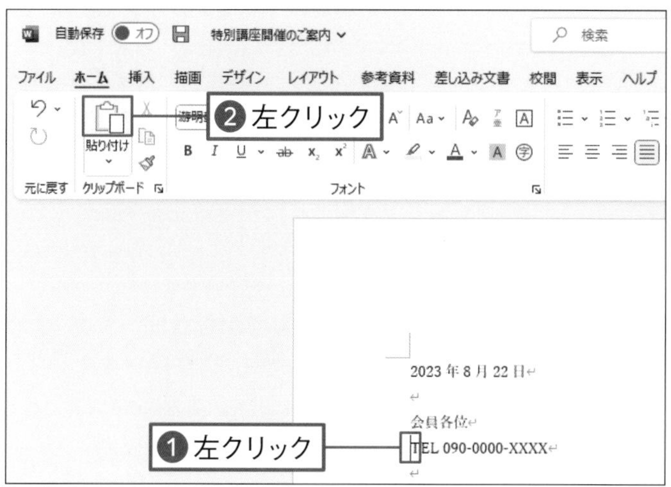

03 文字を貼り付ける

貼り付け先を左クリックします❶。［ホーム］タブの（［貼り付け］ボタン）を左クリックします❷。

> **Memo**
> ショートカットキーで貼り付け操作をするには、Ctrl キーを押しながらVキーを押します。

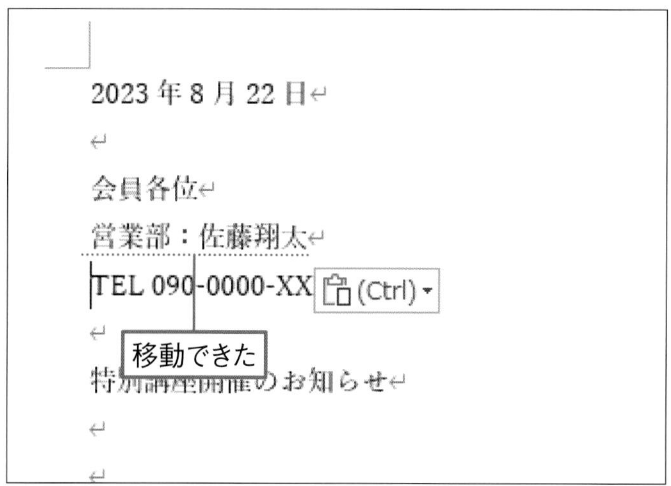

04 文字が貼り付いた

手順 02 で切り取った文字が貼り付き、移動します。

> **Memo**
> 文字を貼り付けた直後に表示される (Ctrl)（［貼り付けのオプション］ボタン）を左クリックすると、貼り付ける形式を選択できます。

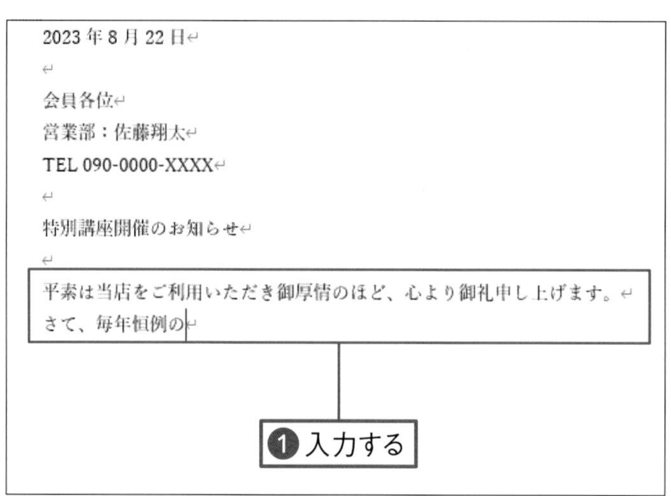

05 続きの文字を入力する

左の画面のように、続きの文字を入力します❶。

練習ファイル 02-05a 完成ファイル 02-05b

文字をコピーしよう

既に入力してある文字を別の場所にもコピーします。コピーする文字を選択してからコピー、貼り付け操作をします。ここでは、タイトルの「特別講座」の文字をコピーして本文に貼り付けます。

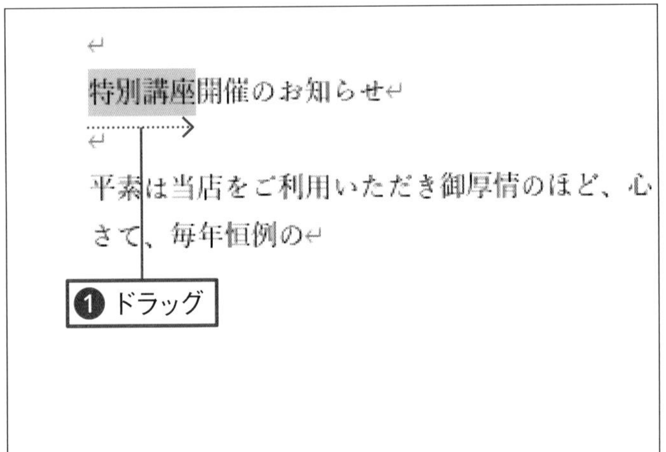

01 文字を選択する

コピーする文字をドラッグし❶、選択します。

Memo

ここでは、「特別講座」の文字を文末にコピーして追加します。

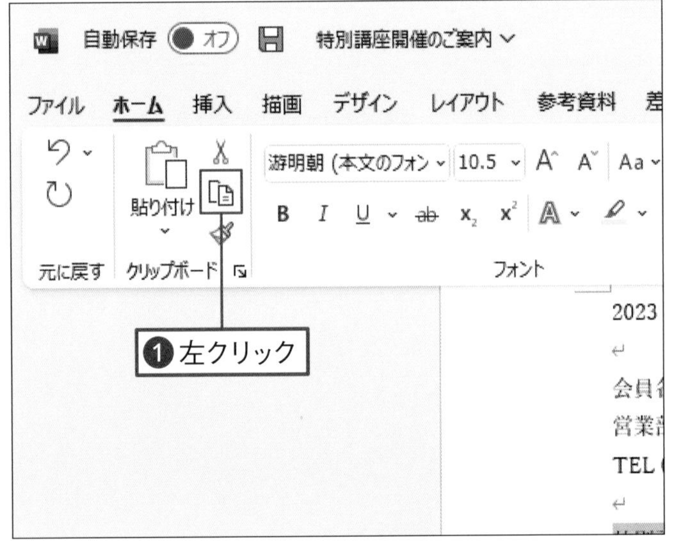

02 文字をコピーする

[ホーム] タブの（[コピー] ボタン）を左クリックします❶。文字がコピーされます。

Memo

ショートカットキーでコピー操作をするには、Ctrlキーを押しながらCキーを押します。

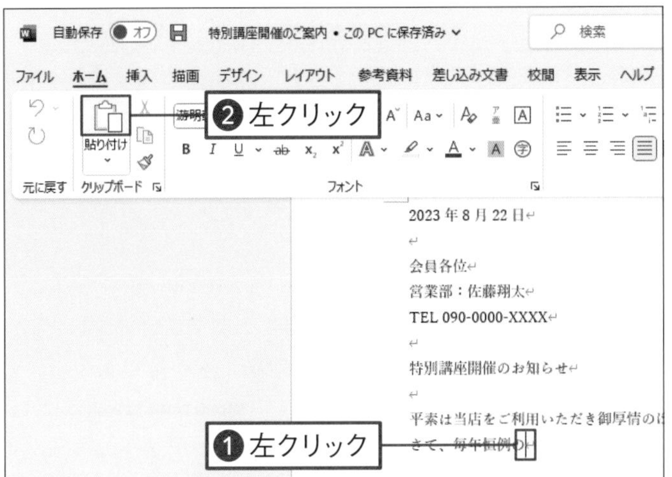

03 文字を貼り付ける

コピー先を左クリックします❶。［ホーム］タブの 📋（［貼り付け］ボタン）を左クリックします❷。

Memo

ショートカットキーで貼り付け操作をするには、Ctrl キーを押しながら V キーを押します。

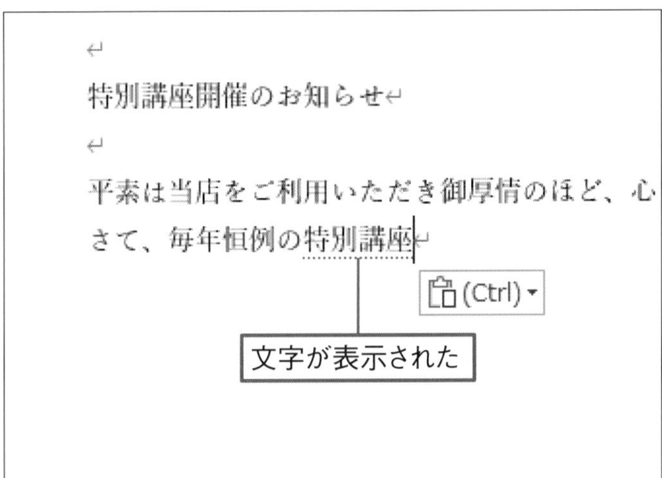

04 文字が貼り付いた

手順 02 でコピーした文字が貼り付きます。

Memo

文字を貼り付けた直後に表示される 📋(Ctrl)（［貼り付けのオプション］ボタン）を左クリックすると、貼り付ける形式を選択できます。

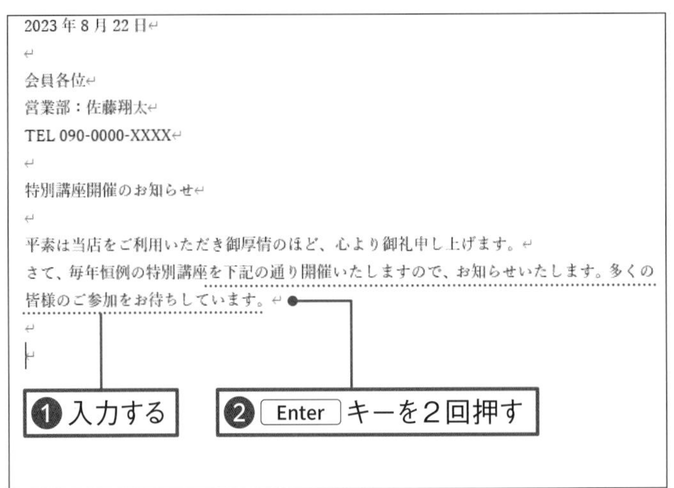

05 続きの文字を入力する

続きの文字を入力します❶。Enter キーを２回押します❷。

練習ファイル 02-06a　完成ファイル 02-06b

定型文を自動で入力しよう

ワードで文字を入力すると、入力支援機能が自動で働きます。ここでは、入力オートフォーマット機能を利用します。別記事項の「記」と「以上」の文字を入力します。

01 文字カーソルを移動する

特別講座開催のお知らせ
平素は当店をご利用いただき御厚情のほど、心
さて、毎年恒例の特別講座を下記の通り開催い
皆様のご参加をお待ちしています。

文章の最後の行を左クリックして❶、文字カーソルを移動します。

02 「記」を入力する

特別講座開催のお知らせ
平素は当店をご利用いただき御厚情のほど、心
さて、毎年恒例の特別講座を下記の通り開催い
皆様のご参加をお待ちしています。
記

❶入力する
❷ Enter キーを押す

「記」と入力します❶。Enter キーを押します❷。

会員各位
営業部：佐藤翔太
TEL 090-0000-XXXX

特別講座開催のお知らせ

平素は当店をご利用いただき御厚情のほど、心より御礼申し上げます。
さて、毎年恒例の特別講座を下記の通り開催いたしますので、お知らせいたします。多くの皆様のご参加をお待ちしています。

記

以上

「以上」が表示される

03 「以上」が表示される

「以上」の文字が「記」の2行下に自動で入力されます。「記」は中央揃えに、「以上」は右揃えになります。

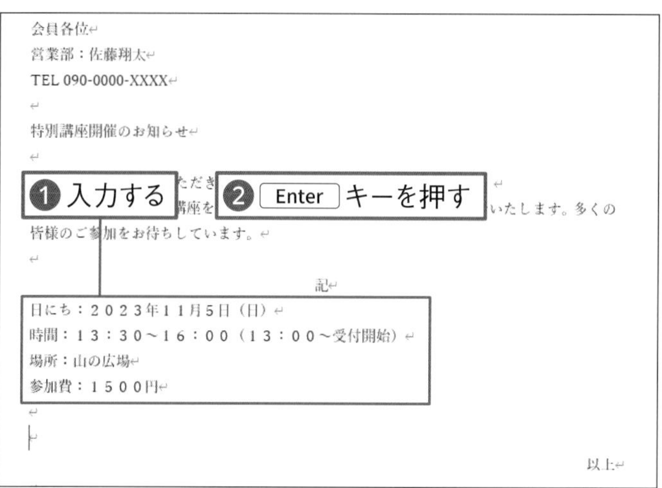

04 続きを入力する

別記事項の内容を入力し❶、Enter キーを2回押します❷。

Memo

「（」や「）」は Shift キーを押しながら「（」や「）」のキーを押して入力します。「～」は Shift キーを押しながら「～」のキーを押して入力します。

Check!

入力オートフォーマットについて

入力オートフォーマット機能とは、入力した文字に応じて、次に入力する内容を自動で入力する機能です。たとえば、次のようなものがあります。

入力する内容	自動で入力される内容	補足
拝啓（スペース）	敬具	「敬具」は、右揃えになる
記（改行）	以上	「以上」は、右揃えになる
1.（文字+改行）	2.	次の行の行頭に段落番号が表示される
・（スペース+文字+改行）	・	次の行の行頭に箇条書きの記号が表示される
---（改行）	罫線	段落の下に罫線が表示される

練習ファイル 02-07a 完成ファイル 02-07b

記号や特殊文字を入力しよう

キーボードに表記されていない記号は、記号のよみを入力して変換することで入力できます。ここでは、「※」の記号を入力します。「こめ」や「まる」など、記号のよみを入力して変換してみましょう。

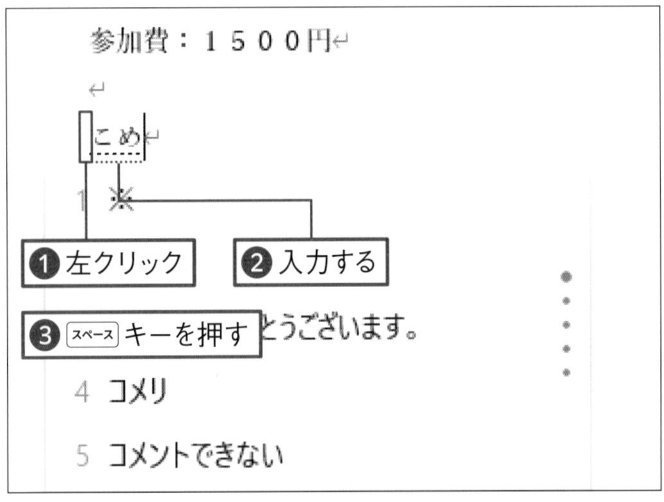

01 「※」のよみを入力する

記号を入力する箇所を左クリックして❶、記号のよみ（ここでは「こめ」）を入力します❷。スペース キーを押します❸。

Memo

記号の読み方がわからない場合は、「きごう」と入力して変換する方法もあります。

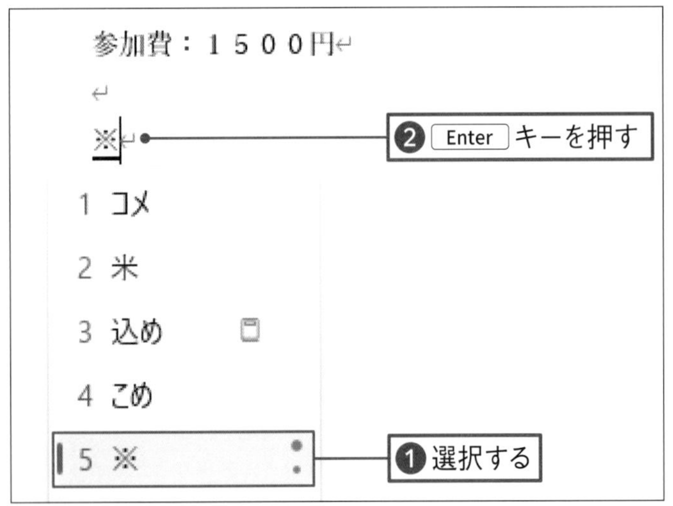

02 「※」を選択する

スペース キーを何度か押して、「※」の変換候補を選択します❶。Enter キーを押します❷。

日にち：２０２３年１１月５日（日）
時間：１３：３０～１６：００（１３：００～
場所：山の広場
参加費：１５００円

※

03 「※」が表示される

「※」の文字が入力できました。

04 続きを入力する

続きの文字を入力します❶。

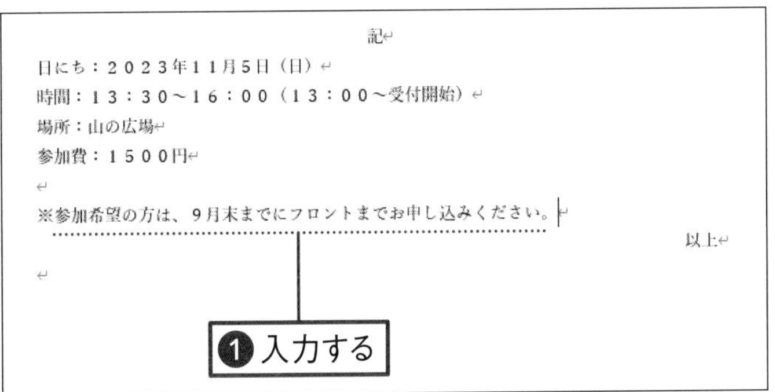

Check!

特殊な記号や文字を入力する

特殊な記号や文字を入力するには、［挿入］タブの[Ω 記号と特殊文字]（［記号の挿入］ボタン）を左クリックし、[Ω その他の記号(M)...]を左クリックします。表示される画面で［記号と特殊文字］タブを左クリックし、フォントを指定して記号や文字を選択します。または、［特殊文字］タブを左クリックして入力する記号や文字を選択します。[挿入(I)]を左クリックすると、文字カーソルの位置に入力されます。ただし、特殊な記号や文字は、他のパソコンで正しく表示されない場合もあるので注意します。

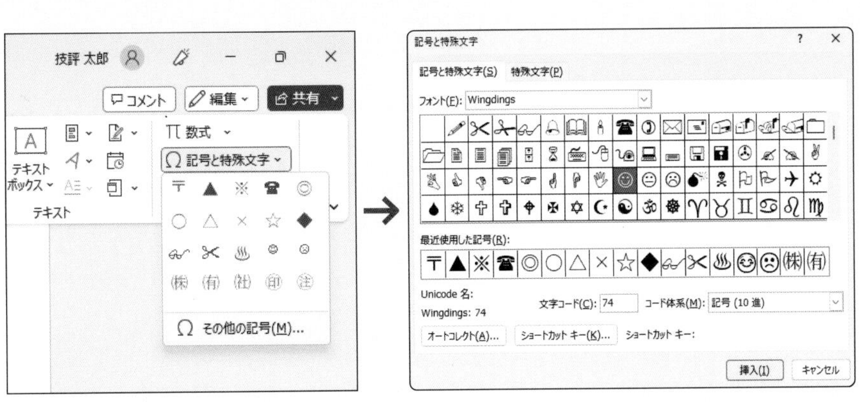

第2章 練習問題

1

文字を入力する位置を示すカーソルはどれですか？

1 ｜　　2 ↵　　3 I

2

文字を漢字に変換するときに押すキーはどれですか？

1 スペース キー　　2 Enter キー　　3 Delete キー

3

選択した文字をコピーするときに左クリックするボタンはどれですか？

1 

2 

3 

Chapter 3

文書の見た目を整えよう

この章では、文書の見た目を整える方法を紹介します。文字を目立たせたり、文字の配置を整えたりする設定のことを書式と言います。文字や段落に対して設定するさまざまな書式の種類を知り、文書の内容が読みやすくなるように整えましょう。

この章で学ぶこと

文書の見た目を整えよう

この章では、文字を目立たせたり、配置を整えたりする設定を紹介します。
タイトルを大きく目立たせたり、項目に箇条書きの書式を設定したり、
行頭の位置を字下げしたりして、文書全体が見やすくなるように工夫します。

書式とは

文字を強調したり、文字の配置を変更して文書の見栄えを整えたりする設定のことを「書式」と言います。書式にはさまざまなものがあります。たとえば、文字単位で設定する書式や、段落単位で設定する書式などがあります。

文字 ＋ 書式 ＝ 表示が変わる

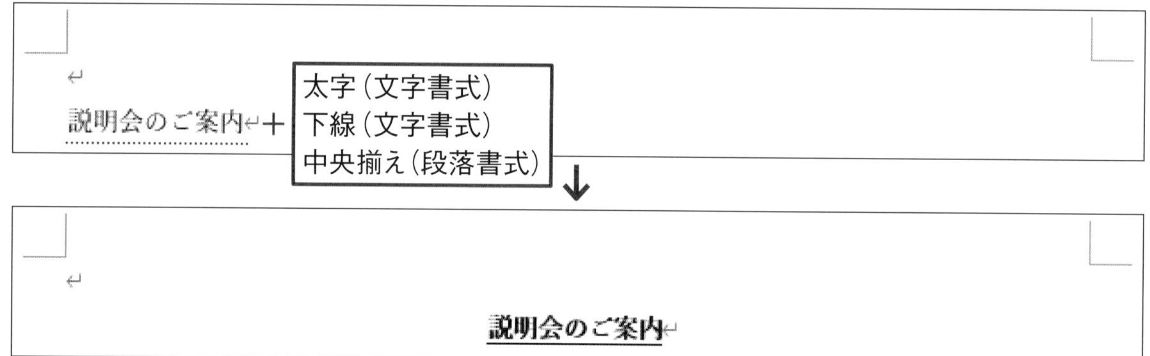

書式設定のタイミング

文書を作成するときは、最初に文字だけを入力して内容を指定します。続いて、文字や段落を選択して書式を設定して文書の体裁を整えます。

1. 文字の入力
2. 文字や段落を選択
3. 書式設定

文字書式

文字書式とは、文字単位に設定する書式のことです。文字の形（フォント）や文字の大きさ、色、太字、下線などの書式があります。文字を選択し、［ホーム］タブの［フォント］の ⧅（［ダイアログボックス起動ツール］）を左クリックすると、文字書式をまとめて設定できる画面が表示されます。

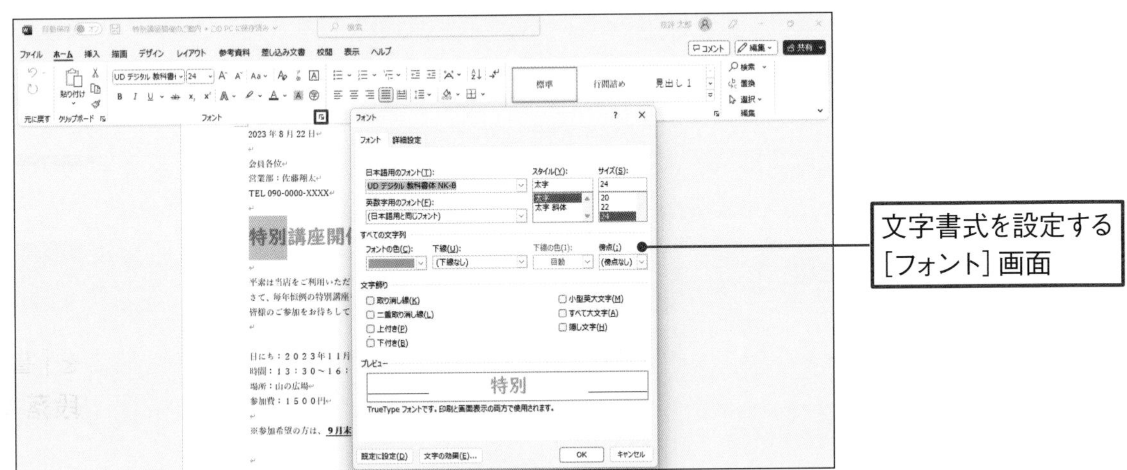

段落書式

段落とは、↵ の次の行から次の ↵ までのまとまった単位のことです。段落書式とは、段落に対して設定する書式です。段落書式には、文字の配置、文字の字下げなどがあります。段落を選択し、［ホーム］タブの［段落］の ⧅（［ダイアログボックス起動ツール］）を左クリックすると、段落書式をまとめて設定できる画面が表示されます。

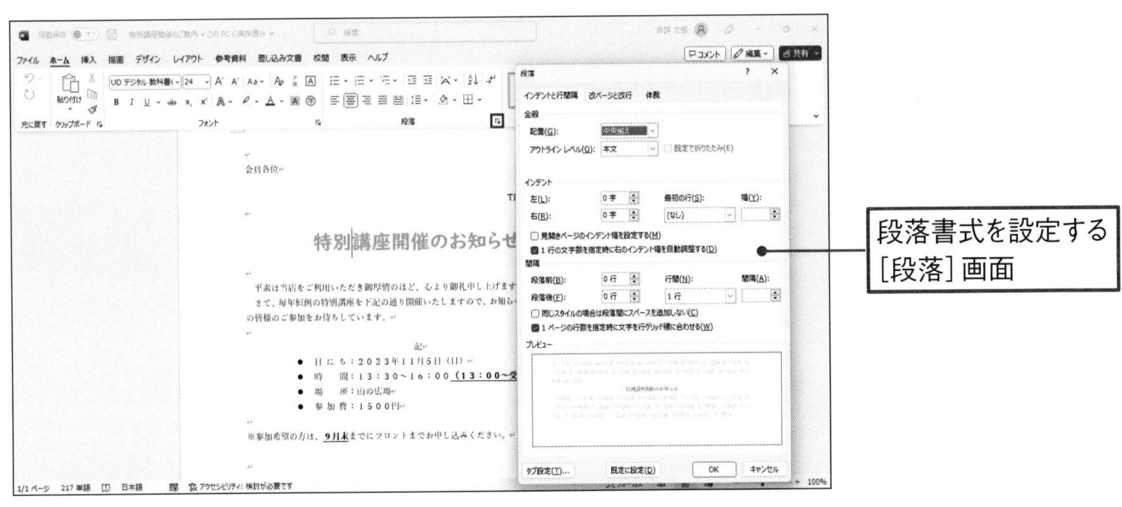

練習ファイル 03-01a 完成ファイル 03-01b

文字の形（フォント）と大きさを変えよう

文字の形のことを、フォントと言います。文字のフォントや大きさを変更して文字を目立たせましょう。文字書式を設定するには、最初に書式を設定する文字を選択します。

文字のフォントを変える

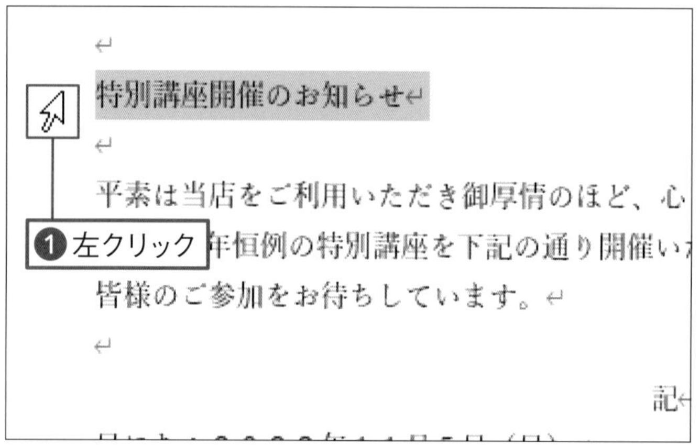

01 文字を選択する

文字の形を変える文字を選択します。ここでは、左の余白部分を左クリックして行ごと選択しています❶。

Memo
文字を選択する方法は、30ページを参照してください。

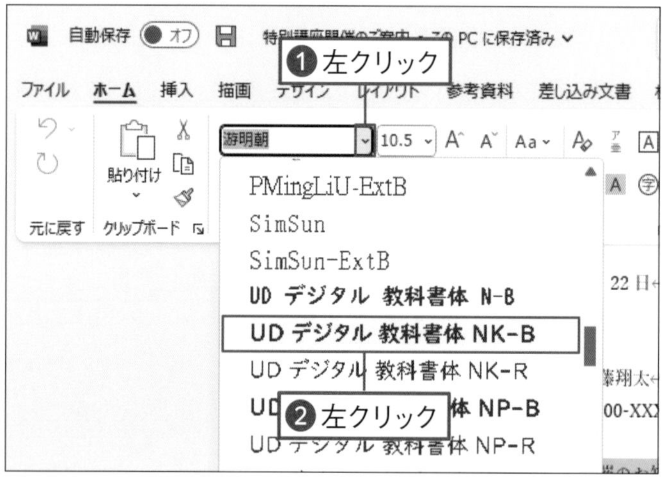

02 文字のフォントを変える

[ホーム]タブの 游明朝 (本文のフォン ⌄（[フォント]ボタン）の右側の ⌄ を左クリックします❶。メニューから文字のフォント（ここでは[UDデジタル教科書体NK-B]）を選んで左クリックします❷。

Memo
一覧に表示されるフォントの種類は、使用しているWindowsのバージョンや、パソコンに入っているアプリの種類によって異なります。

文字の大きさを変える

01 文字を選択する

文字の形を変える文字を選択します。ここでは、左の余白部分を左クリックして行ごと選択しています❶。

02 文字の大きさを変える

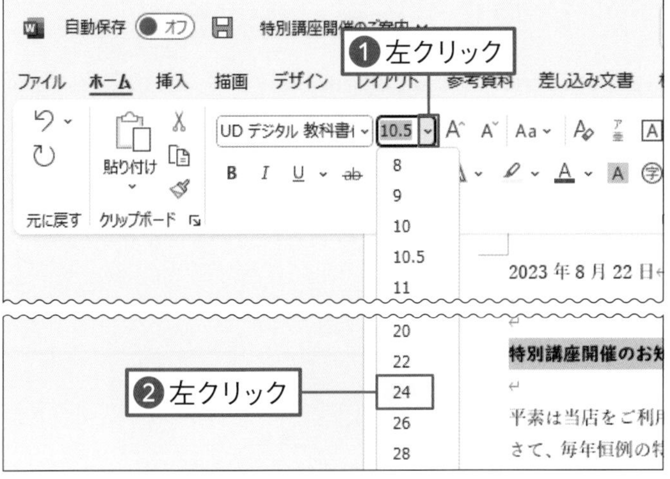

［ホーム］タブの 10.5 （［フォントサイズ］ボタン）の右側の ⌄ を左クリックします❶。開いたメニューから文字の大きさ（ここでは「24」）を選んで左クリックします❷。

Memo

文字の大きさは、ポイントという単位で指定します。1ポイントは約0.35mm（1/72インチ）なので10ポイントで3.5mmくらいの大きさです。

03 文字の大きさが変わった

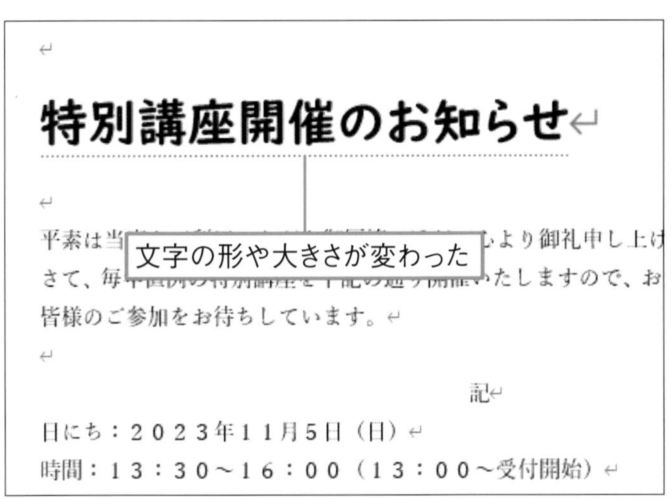

文字の形（フォント）や大きさが変わりました。

練習ファイル 03-02a 完成ファイル 03-02b

文字の色を変えよう

強調したい箇所の文字の色を変更します。まずは、色を変更する文字を選択してから色を選びます。色は、色のパレットから選べます。ここでは、テーマの色から指定します。

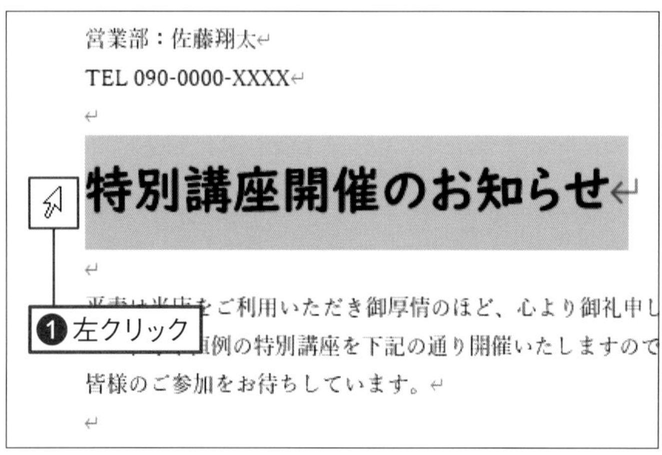

01 文字を選択する

色を変更する文字を選択します。ここでは、左の余白部分を左クリックして1行分を選択しています❶。

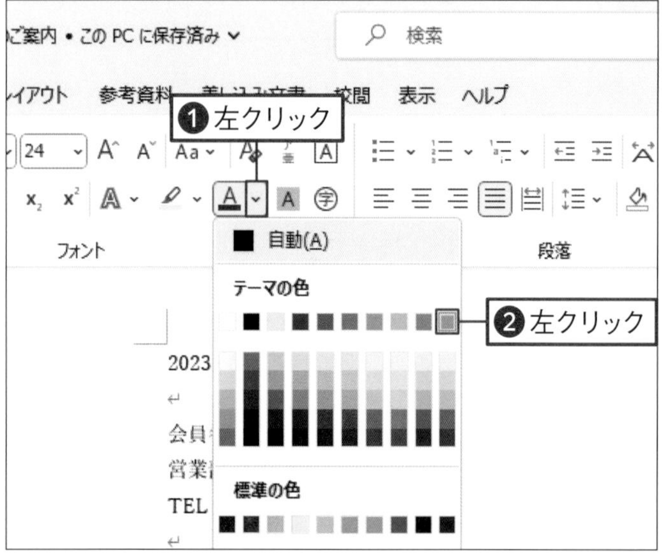

02 文字の色を変える

[ホーム]タブの ([フォントの色] ボタン) 右側の を左クリックします❶。表示される色の一覧から色 (ここでは [緑、アクセント6]) を選んで左クリックします❷。

Memo

文字の色を変えたあとで元の色に戻すには、色の一覧の上の ■ 自動(A) ([自動]) を左クリックします。

営業部：佐藤翔太
TEL 090-0000-XXXX

特別講座開催のお知らせ

平素は当店をご利用いただき御厚情のほど、心より御礼申し
さて、毎年恒例の特別講座を下記の通り開催いたしますので
皆様のご参加をお待ちしています。

記

色が変わった

03 文字の色が変わった

文字の色が指定した色に変更されます。

Check!

テーマについて

ワードでは、文書全体のデザインをかんたんに整えられるようにデザインのテーマが用意されています。テーマには、文字の形や色、図形の質感などの書式の組み合わせが登録されています。テーマを選択するには、[デザイン]タブの（[テーマ]ボタン）を左クリックして❶、テーマを選び左クリックします❷。なお、手順 02 で文字の色を選択するとき、ここでは、「テーマの色」から色を選択しました。その場合、テーマを変更すると、テーマに応じて文字の色が変わります。テーマに影響されない色を使いたい場合は「標準の色」から選択します。

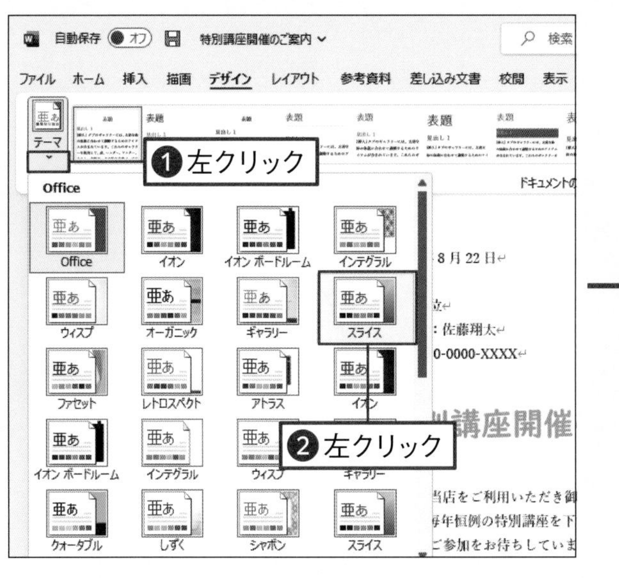

→

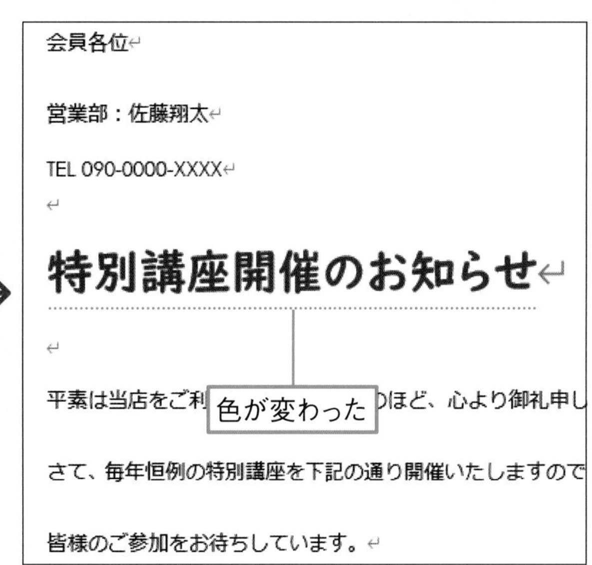

練習ファイル 03-03a 完成ファイル 03-03b

文字を太字や下線付きにしよう

強調したい文字を目立たせるために太字や下線の飾りを付けます。 文字を選択して、 太字や下線のボタンを左クリックして設定します。 左クリックするたびにオンとオフが切り替わります。

文字を太字にする

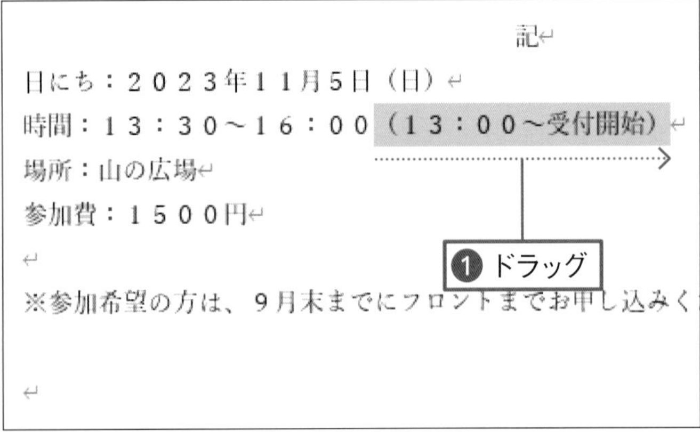

01 文字を選択する

太字にする文字をドラッグして選択します❶。

Memo
複数行の文字を選択するには、 左の余白部分をドラッグします。 56ページを参照してください。

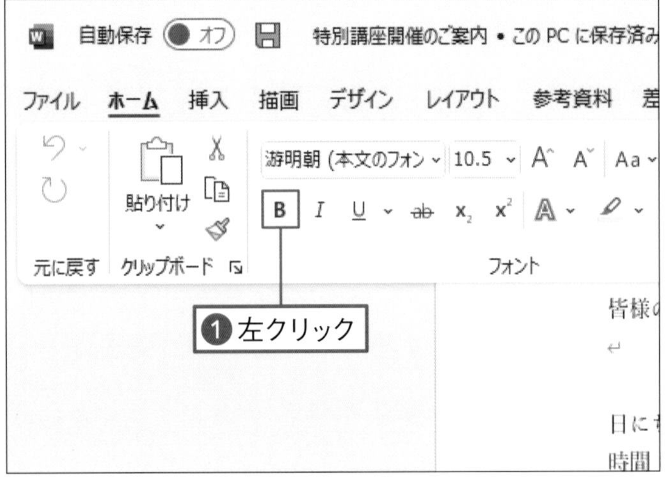

02 文字を太字にする

[ホーム] タブの B ([太字] ボタン) を左クリックします❶。 すると、 文字が太字になります。

Memo
太字を解除するには、太字の文字を選択して、[ホーム] タブの B ([太字] ボタン) を左クリックします。

文字に下線を付ける

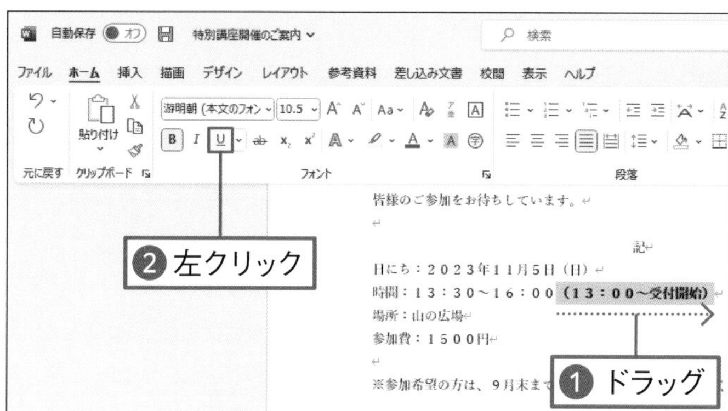

01 文字に下線を付ける

下線を付ける文字をドラッグして選択します❶。［ホーム］タブの U（［下線］ボタン）を左クリックします❷。

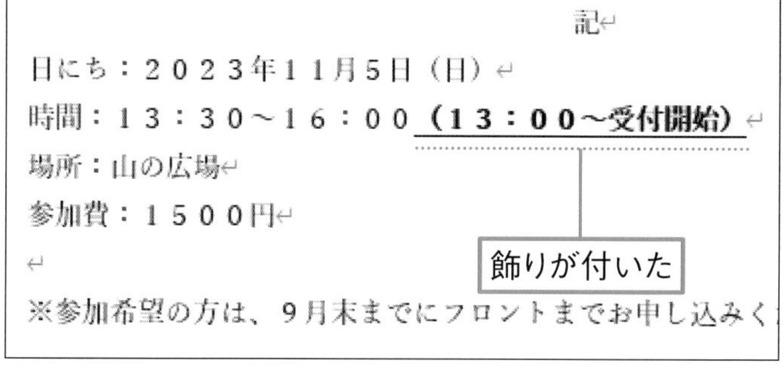

02 文字に飾りが付いた

文字に太字や下線の飾りが付きました。

Memo

［ホーム］タブの I（［斜体］ボタン）を左クリックすると、文字を斜めに傾ける斜体の飾りを付けられます。

Check!

複数の飾りをまとめて設定する

文字の形や大きさ、太字などの複数の飾りをまとめて設定するには、飾りを付ける文字をドラッグして選択し❶、［ホーム］タブの［フォント］の ⧅（［ダイアログボックス起動ツール］）を左クリックします❷。続いて表示される画面で飾りの内容を指定し❸、 OK を左クリックします❹。

①ドラッグ
②左クリック
③設定する
④左クリック

3-4

練習ファイル 03-04a 完成ファイル 03-04b

文字の書式をコピーしよう

同じ飾りを別の文字にも設定したい場合、わざわざ飾りを設定し直す必要はありません。
選択した文字の書式だけをコピーしましょう。書式情報をまとめてコピーできます。

平素は当店をご利用いただき御厚情のほど、心より御礼申し
さて、毎年恒例の特別講座を下記の通り開催いたしますので、
皆様のご参加をお待ちしています。

記

日にち：２０２３年１１月５日（日）
時間：１３：３０～１６：００（１３：００～受付開始）
場所：山の広場
参加費：１５００円

※参加希望の方は、９月末までにフロントまでお申し込みく

❶ドラッグ

01 文字を選択する

コピーしたい書式が設定されている文字をドラッグして選択します❶。

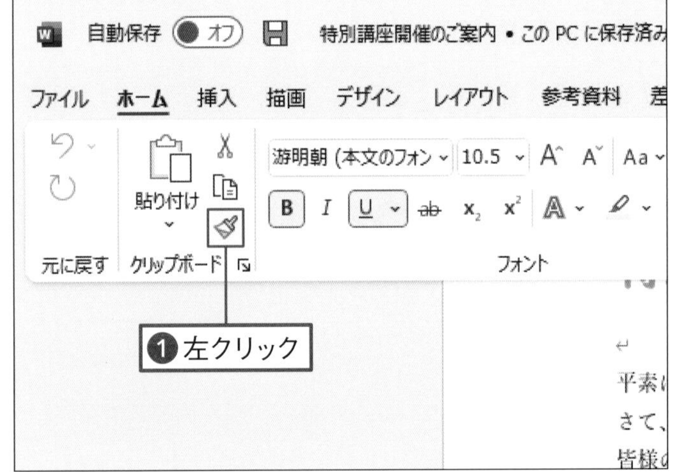

02 書式をコピーする

[ホーム]タブの（[書式コピー]ボタン）を左クリックします❶。

Memo

書式のコピー／貼り付けを中止したいときは Esc キーを押します。

03 コピー先を選択する

マウスポインターの形が刷毛の形に変わります。書式のコピー先をドラッグします❶。

04 書式がコピーされた

書式がコピーされ、文字に飾りが付きました。

Check!

書式を連続コピーする

複数の箇所に書式を連続してコピーするには、手順 02 で［ホーム］タブの（［書式コピー］ボタン）をダブルクリックします❶。すると、（［書式コピー］ボタン）が押された状態に固定されます。ドラッグ操作を繰り返すと書式を連続コピーできます❷❸。書式コピーの操作を終えるには、Esc キーを押します。

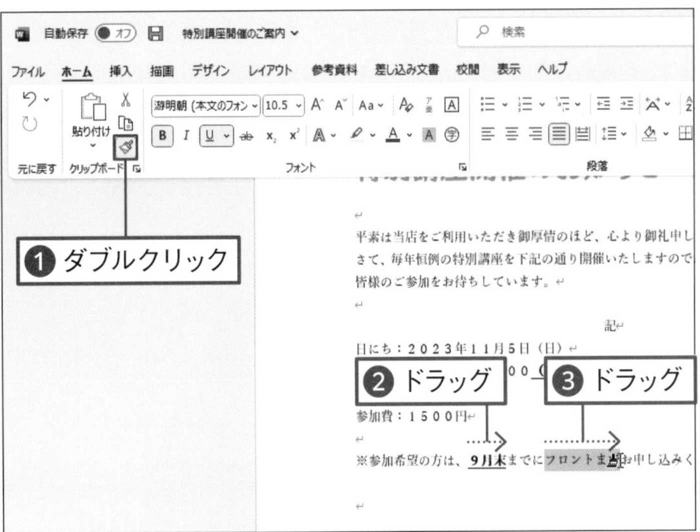

練習ファイル 03-05a 完成ファイル 03-05b

文字を中央や右に揃えよう

文書のタイトルを中央に、差出人を右揃えにするなど文字の配置を整えます。文字の配置は、段落単位に設定できます。文字の配置を変更する段落内を左クリックして配置を指定します。

文字を中央に揃える

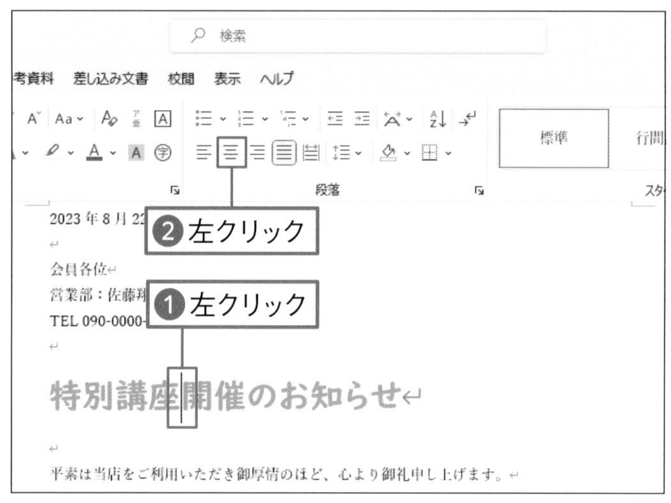

01 中央に揃える

文字の配置を変更する段落内を左クリックして段落を選択します❶。[ホーム]タブの(［中央揃え］ボタン)を左クリックします❷。

Memo

複数の段落の文字の配置を指定するには、選択する段落の左端をドラッグして複数の段落を選択してから操作します。

会員各位
営業部：佐藤翔太
TEL 090-0000-XXXX

特別講座開催のお知らせ

平素は当店をご利用いただき御厚情のほど、心より御礼申し上げます。
さて、毎年恒例の特別講座を下記の通り開催いたしますので、お知らせいたします。多くの皆様のご参加をお待ちしています。

中央に揃った

記

日にち：２０２３年１１月５日（日）
時間：１３：３０～１６：００（１３：００～受付開始）

02 中央に揃った

選択していた段落の文字が中央に配置されます。

文字を右に揃える

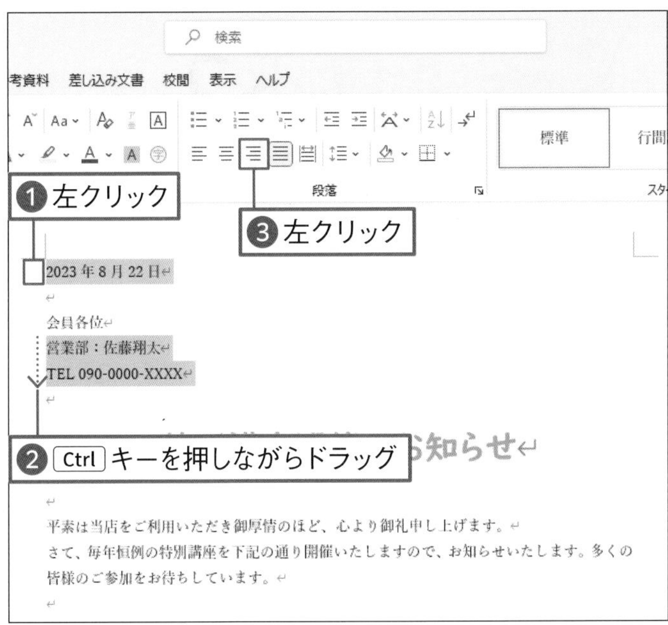

01 右に揃える

文字の配置を変更する段落の左端を左クリックして選択します❶。同時に文字の配置を変更する段落の左端を、Ctrl キーを押しながらドラッグして選択します❷。［ホーム］タブの ☰（［右揃え］ボタン）を左クリックします❸。

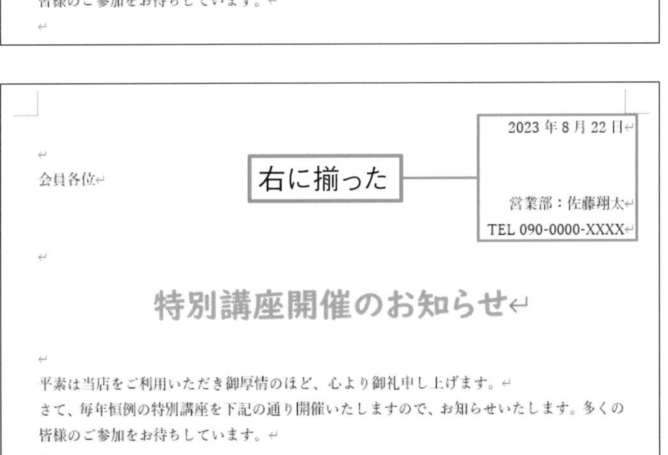

02 右に揃った

選択していた段落の文字が右端に配置されます。

Check!

配置を元に戻す

段落の配置は、標準では両端揃えになっています。文字の配置を元に戻すには、対象の段落を選択し、［ホーム］タブで、選択している ☰（［右揃え］ボタン）や ☰（［中央揃え］ボタン）を左クリックします。または、☰（［両端揃え］ボタン）を左クリックします。

練習ファイル 03-06a　完成ファイル 03-06b

先頭の行を１文字下げよう

段落の先頭行だけ1文字下げるには、1行目のインデントの位置を指定します。ここでは、ルーラーという定規のようなものを操作します。ルーラー上のマーカーの位置に注目します。

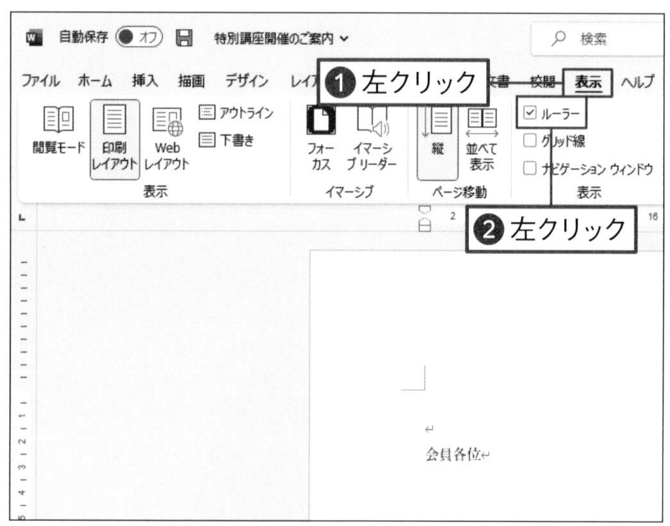

01 ルーラーを表示する

[表示]タブを左クリックします❶。ルーラー を左クリックしてチェックを付けます❷。ルーラーが表示されます。

Memo

ルーラーとは、文字や図形などの配置を指定したり、位置を調整したりする目安にするものです。[表示]タブの ルーラー を左クリックすると、表示／非表示を切り替えられます。

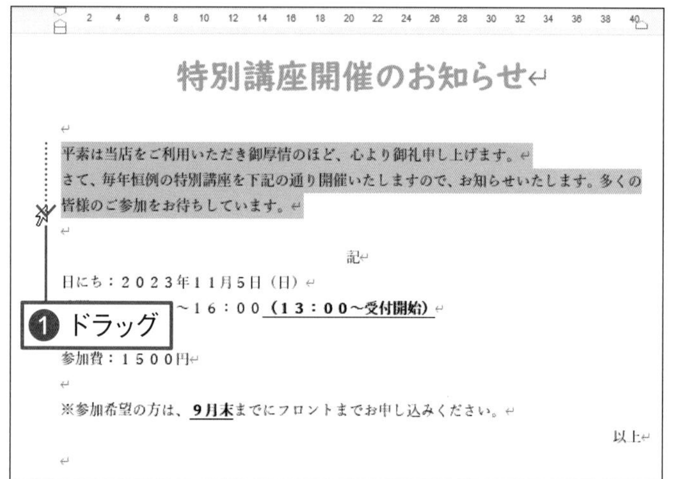

02 段落を選択する

先頭行の位置を字下げする段落をドラッグして選択します❶。

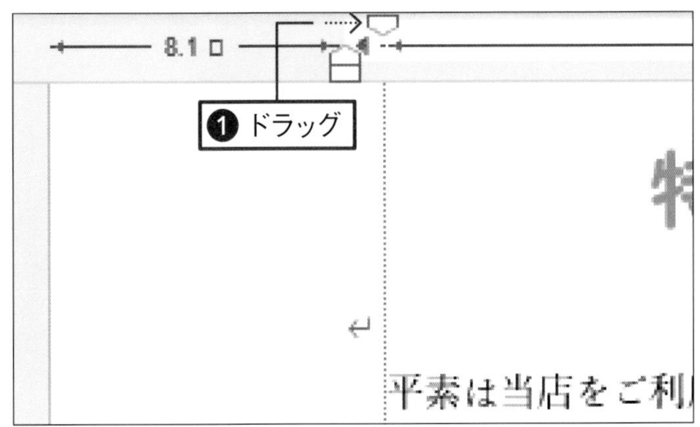

03 先頭位置を字下げする

ルーラーの▽（［1行目のインデント］マーカー）を右にドラッグします❶。Alt キーを押しながらドラッグすると文字数の目安が表示されます。ここでは、1文字分字下げします。

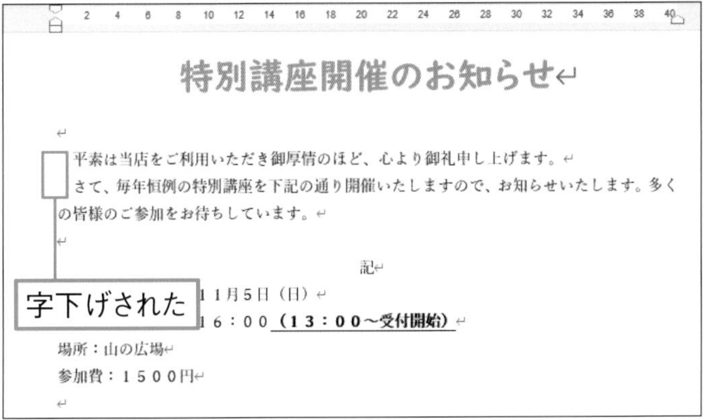

04 先頭行が字下げされた

段落の先頭行の位置が1文字分字下げされて表示されます。

Check!

インデントマーカーについて

ルーラーには、以下のように複数のインデントマーカーがあります。インデントマーカーをドラッグすると、選択している段落の文字の配置を変更できます。

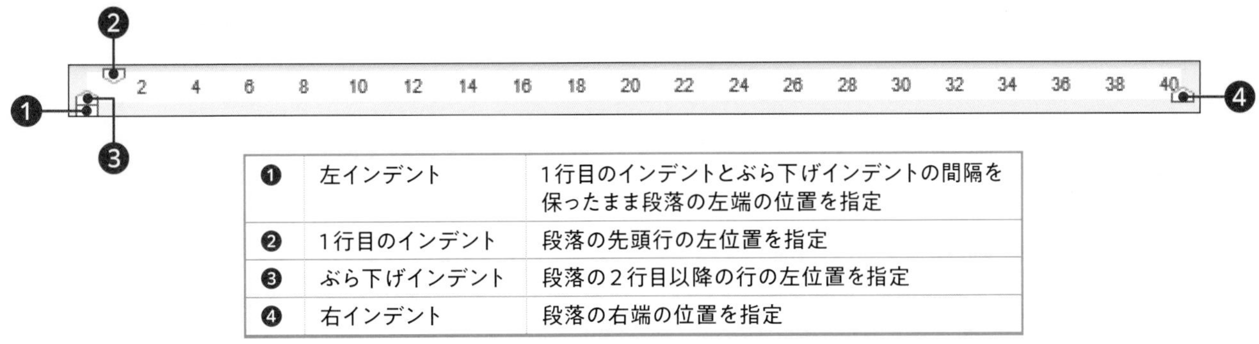

❶	左インデント	1行目のインデントとぶら下げインデントの間隔を保ったまま段落の左端の位置を指定
❷	1行目のインデント	段落の先頭行の左位置を指定
❸	ぶら下げインデント	段落の2行目以降の行の左位置を指定
❹	右インデント	段落の右端の位置を指定

3-7

練習ファイル 03-07a　完成ファイル 03-07b

段落全体を字下げしよう

箇条書きの項目部分を字下げして表示します。ここでは、[ホーム] タブの [インデント] ボタンで1文字分ずつ調整します。ルーラーの [左インデント] マーカーの位置も変わります。

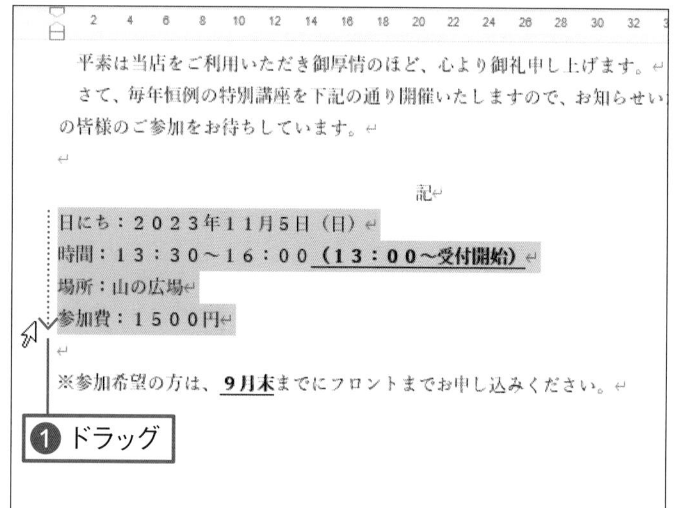

01 段落を選択する

字下げする段落の左端をドラッグして選択します❶。

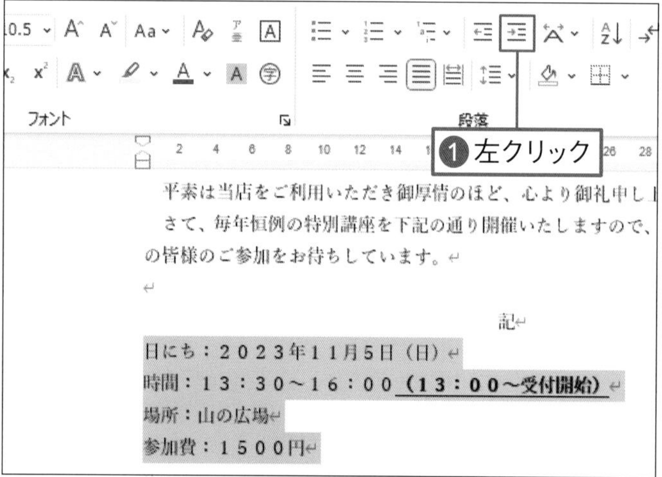

02 字下げする

[ホーム] タブの ☰（[インデントを増やす] ボタン）を左クリックします❶。

Memo

インデントとは、文章の左端や右端の位置をずらすことです。

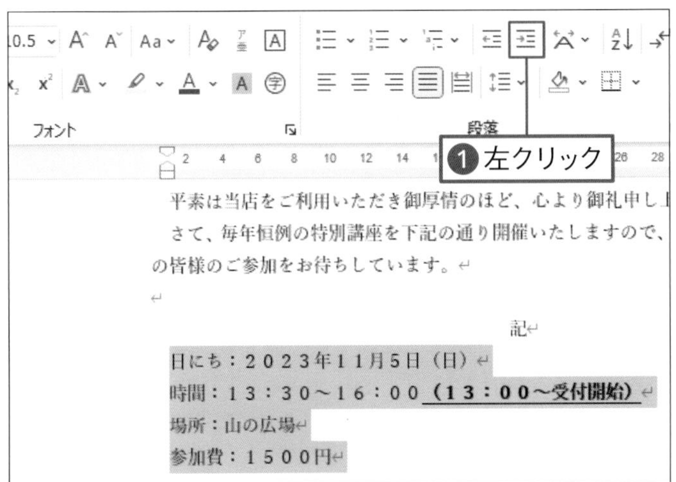

03 さらに字下げする

段落の左位置が1文字分字下げされます。[ホーム]タブの ([インデントを増やす]ボタン) を何度か左クリックします❶。

Memo

([インデントを増やす] ボタン) を左クリックするたびに、1文字ずつ字下げされます。ルーラーの左インデントマーカーの位置も変わります。

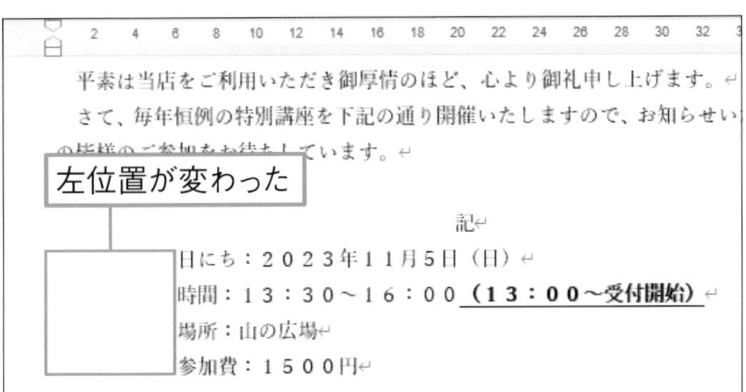

04 字下げされた

選択していた段落が字下げされて、左端の文字の先頭位置が変わりました。

Check!

字下げ位置を元に戻す

字下げした段落の左位置を右に戻すには、[ホーム]タブの ([インデントを減らす]ボタン) を左クリックします❶。 ([インデントを増やす] ボタン) や ([インデントを減らす] ボタン) を使用して位置を調整しましょう。

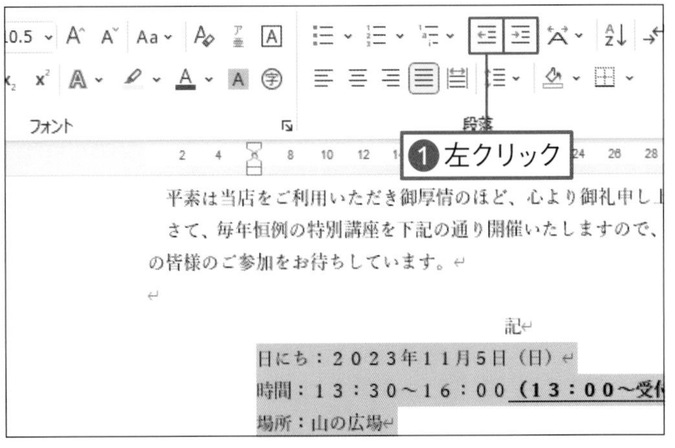

練習ファイル 03-08a　完成ファイル 03-08b

箇条書きにしよう

日にちや時間などの項目を箇条書きで列記します。 箇条書きの書式を設定し、 行頭に記号を付けて目立たせます。 記号ではなく、 数字を表示するには、 段落番号を指定します。

平素は当店をご利用いただき御厚情のほど、心より御礼申し上げます。
さて、毎年恒例の特別講座を下記の通り開催いたしますので、お知らせいたの皆様のご参加をお待ちしています。

記

日にち：２０２３年１１月５日（日）
時間：１３：３０～１６：００（１３：００～受付開始）
場所：山の広場
参加費：１５００円

※参加希望の方は、9月末までにフロントまでお申し込みください。

❶ドラッグ

01 段落を選択する

箇条書きの書式を設定する段落の左端をドラッグして選択します❶。

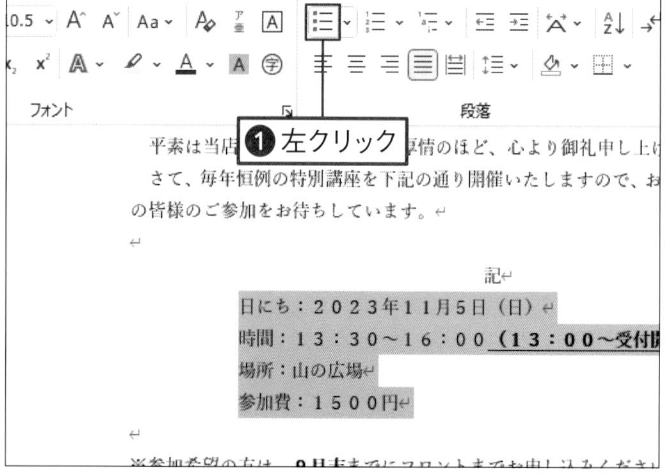

平素は当店をご利用いただき御厚情のほど、心より御礼申し上げ
さて、毎年恒例の特別講座を下記の通り開催いたしますので、お
の皆様のご参加をお待ちしています。

記

日にち：２０２３年１１月５日（日）
時間：１３：３０～１６：００（１３：００～受付
場所：山の広場
参加費：１５００円

02 箇条書きの書式を設定する

［ホーム］タブの☰（［箇条書き］ボタン）を左クリックします❶。

Memo

箇条書きの先頭に表示する記号を選択するには、☰（［箇条書き］ボタン）右側の⌄を左クリックして記号を選択します。

平素は当店をご利用いただき御厚情のほど、心より御礼申し上げます。
さて、毎年恒例の特別講座を下記の通り開催いたしますので、お知らせいた
の皆様のご参加をお待ちしています。

記

- 日にち：２０２３年１１月５日（日）
- 時間：１３：３０～１６：００（１３：００～受付開始）
- 場所：山の広場
- 参加費：１５００円

※参加希望の方は、9月末までにフロントまでお申し込みください。

記号が付いた

03 箇条書きが設定された

箇条書きの書式が設定されます。選択していた段落の行頭に記号が表示されます。

Memo

箇条書きの設定を解除するには、段落を選択して ([箇条書き] ボタン) を左クリックします。

第3章 文書の見た目を整えよう

Check!

段落番号を表示する

手順を列記したり、重要事項を3つ列記したりするときは、段落の先頭に番号を振るとわかりやすくなります。それには、段落番号の書式を設定します。対象の段落を選択し❶、[ホーム] タブの ([段落番号] ボタン) を左クリックします❷。([段落番号] ボタン) 右側の を左クリックすると、番号のスタイルを選択できます。

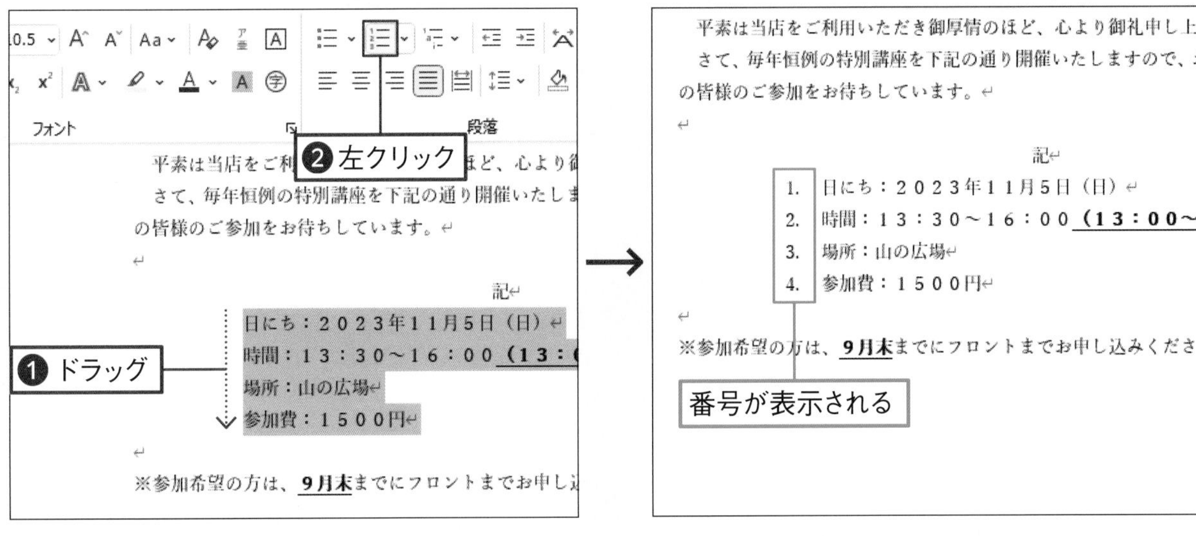

練習ファイル 03-09a 完成ファイル 03-09b

文字を均等に揃えよう

「日にち」や「時間」などの項目の文字の幅を均等に揃えます。均等割り付け機能を使って、項目を4文字分の幅に割り付けます。ここでは、複数の項目名を選択し、まとめて設定します。

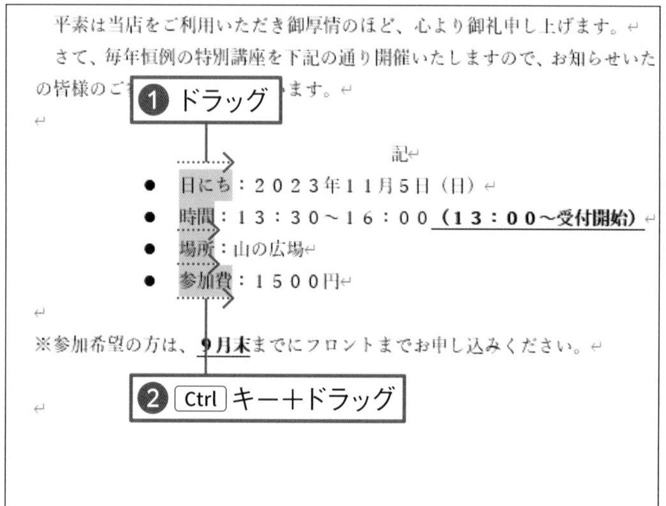

01 文字を選択する

項目名の文字をドラッグして選択します❶。Ctrl キーを押しながら、同時に選択する文字列をドラッグして選択します❷。

Memo

複数の文字に同じ書式を設定する場合は、最初に複数の文字を選択します。複数の文字を同時に選択するには、ひとつめの文字をドラッグしたあと、Ctrl キーを押しながら２つ目以降の文字をドラッグします。

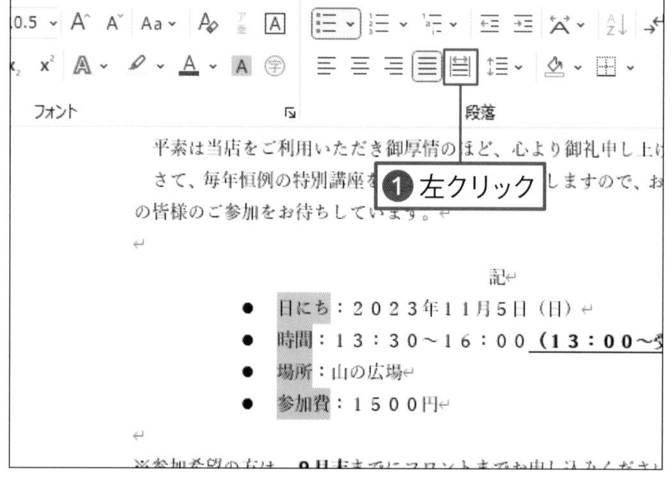

02 均等に揃える準備をする

[ホーム] タブの ([均等割り付け] ボタン) を左クリックします❶。

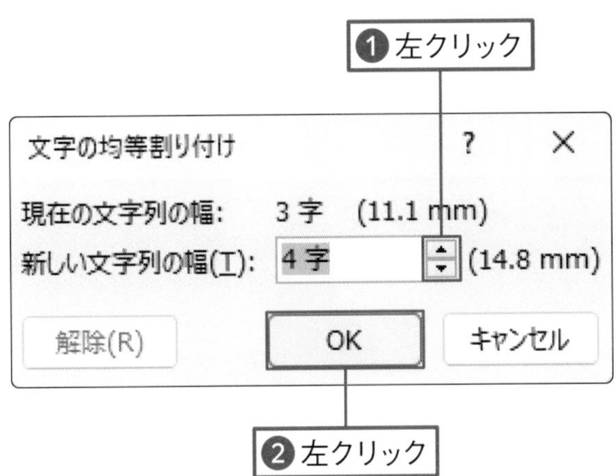

03 文字数を指定する

［文字の均等割り付け］画面が表示されます。文字を割り付ける文字の幅（ここでは「4」）を ⬍ を左クリックして指定します❶。 OK を左クリックします❷。

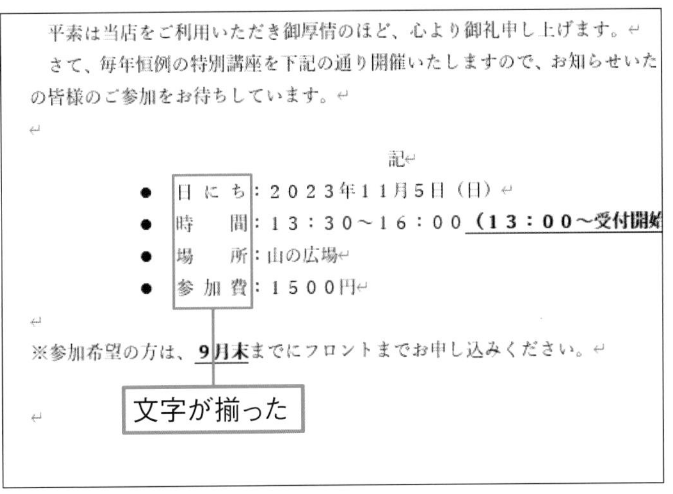
平素は当店をご利用いただき御厚情のほど、心より御礼申し上げます。
さて、毎年恒例の特別講座を下記の通り開催いたしますので、お知らせいたの皆様のご参加をお待ちしています。

記

- 日にち：２０２３年１１月５日（日）
- 時　間：１３：３０～１６：００（１３：００～受付開始
- 場　所：山の広場
- 参加費：１５００円

※参加希望の方は、9月末までにフロントまでお申し込みください。

04 文字が揃った

文字列が4文字分の幅に割り付けられました。

Check!

均等割り付けを解除する

均等割り付けの書式を解除して元の状態に戻すには、手順 01 、手順 02 の操作のあと、手順 03 の画面で 解除(R) を左クリックします❶。

文字の均等割り付け
現在の文字列の幅:　4 字　(14.8 mm)
新しい文字列の幅(I):　4 字　(14.8 mm)
❶左クリック　解除(R)　OK　キャンセル

第3章 練習問題

1 文字に下線を付けるときに左クリックするボタンはどれですか?

1 B　2 I　3 U

---

2 選択した文字の書式をコピーするときに左クリックするボタンはどれですか?

1　2　3

---

3 選択した段落を中央に揃えるときに左クリックするボタンはどれですか?

1　2　3

Chapter 4

写真・図形を利用しよう

この章では、文書に写真や図形などを追加する方法を紹介します。文字が入力されている文書の中に写真や図形を体裁よく配置するには、レイアウトの設定について知ることが重要です。レイアウトオプションの設定をマスターしましょう。

この章で学ぶこと

写真・図形を利用しよう

この章では、 文書に写真や図形、 アイコンを入れる方法を紹介します。
写真や図形、 アイコンの大きさや配置を自由に変更する方法を知りましょう。
また、 図形の色などの見た目を変更したり、 写真に飾り枠を付けたりします。

写真や図形を選択する

写真や図形、 イラストなどを追加します。 写真や図形、 イラストなどを左クリックして選択すると、 写真や図形の周囲にサイズ変更ハンドルや回転ハンドルが表示されます。

❶ 回転ハンドル

ドラッグすると、 写真が回転します。

❷ サイズ変更ハンドル

ドラッグすると、 写真の大きさが変わります。

写真を追加する

写真を追加すると、通常は、文字と同じように行の中に写真が表示されます。このまま写真をドラッグして移動すると、文字と文字の間に写真がそのまま表示されます。

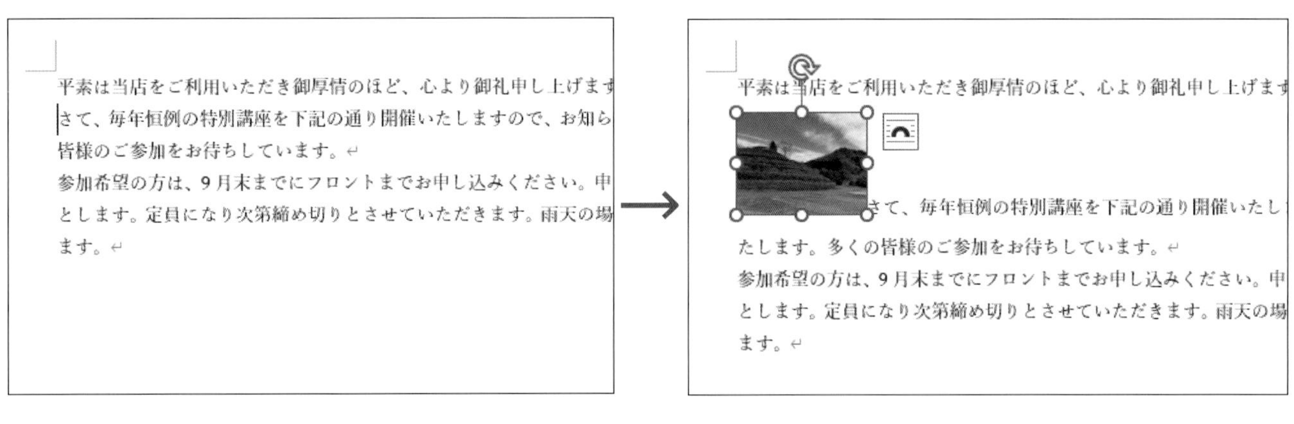

レイアウトを設定する

写真を自由に移動したり、文字との配置を整えたりするには、「レイアウトオプション」の「文字列の折り返し」の位置を指定します。たとえば、写真の周囲に文字がまわりこんで表示されるようにするには、「四角」を指定します。

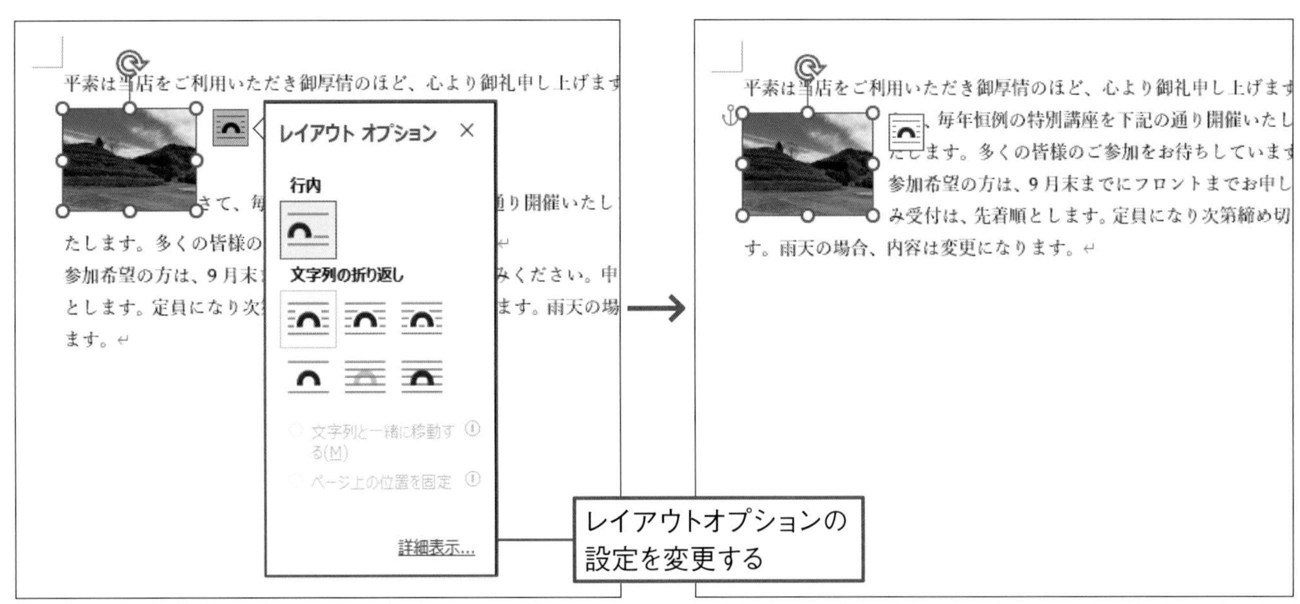

4-1　練習ファイル 04-01a　完成ファイル 04-01b

写真を入れよう

文書に写真を入れて飾ります。ここでは、パソコンに保存してある写真を追加します。写真が保存されている場所を指定してから追加する写真を選びます。

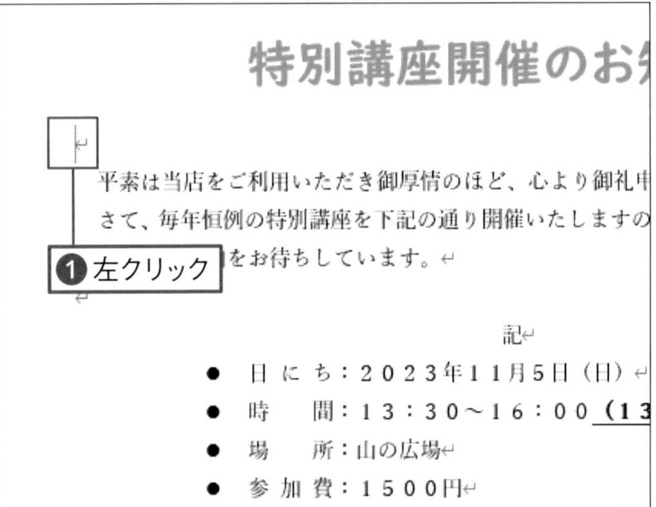

01 場所を指定する

写真を入れる場所を左クリックして文字カーソルを表示します❶。

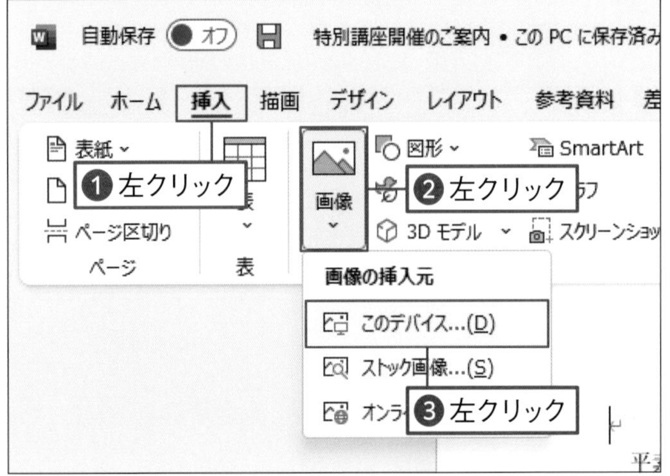

02 写真を選択する準備をする

［挿入］タブを左クリックします❶。（［画像を挿入します］ボタン）を左クリックし❷、［このデバイス...(D)］を左クリックします❸。

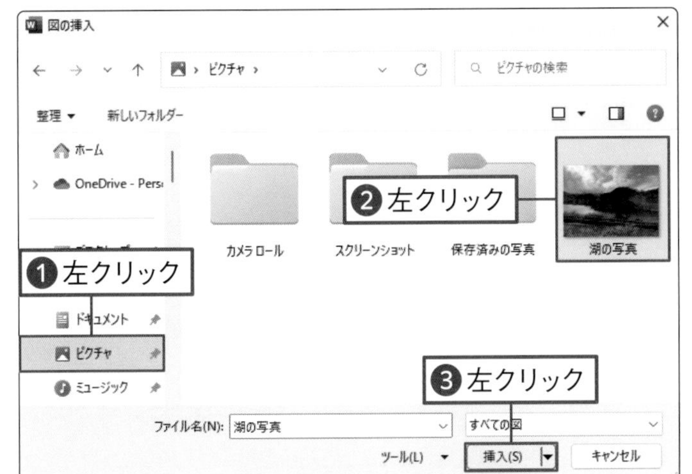

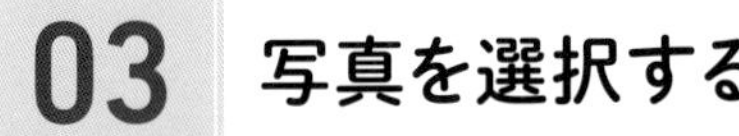

03 写真を選択する

写真の保存先を左クリックして選択します❶。追加する写真を左クリックします❷。挿入(S)を左クリックします❸。

Memo

ここでは、練習ファイルの「湖の写真」という写真のファイルを選択しています。

04 写真が表示された

選択した写真が表示されました。

Check!

写真の明るさを変更する

写真の明るさやコントラストなどを変更するには、写真を左クリックして選択し❶、[図の形式]タブの☀([修整]ボタン)を左クリックします❷。表示される画面で、明るさやコントラストを一覧から選択します❸。

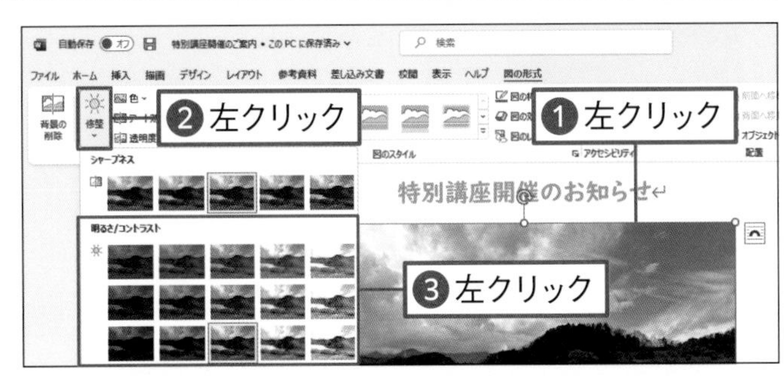

4-2

練習ファイル 04-02a 完成ファイル 04-02b

写真の大きさと位置を変えよう

写真の大きさや位置を調整します。写真を自由に移動するには、文字の折り返し位置を指定します。ここでは、写真の上下に文字がまわりこんで表示されるようにします。

大きさを変更する

01 大きさを変更する準備をする

写真を左クリックして選択します❶。写真の周囲に表示される○のハンドルにマウスポインターを移動します❷。マウスポインターの形が⤡に変わります。

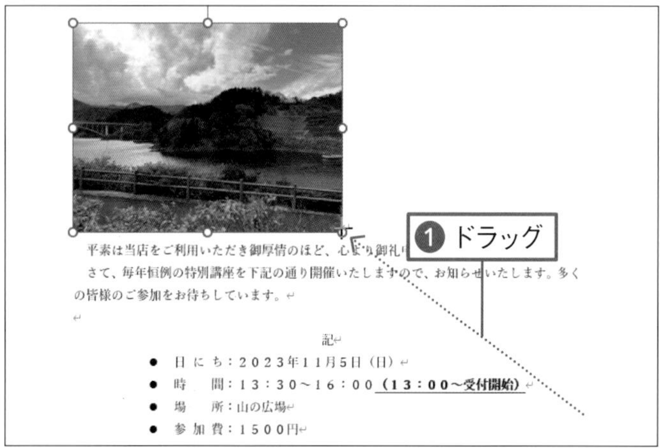

02 大きさを変更する

○のハンドルをドラッグします❶。大きさが変わりました。

Memo

写真を大きくするには、○のハンドルを外側に向けてドラッグします。

位置を変更する

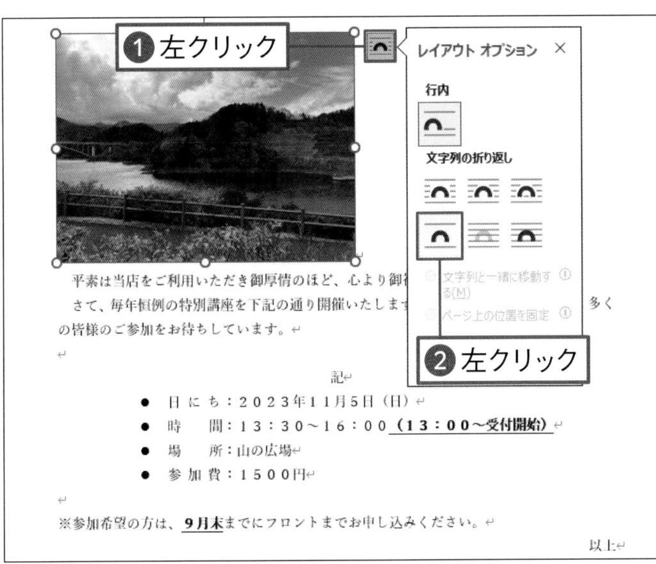

01 折り返し位置を指定する

写真の右上に表示される（［レイアウトオプション］ボタン）を左クリックします❶。文字列の折り返し位置を選択します。ここでは、写真の上下に文字が表示されるようにします。（［上下］）を左クリックします❷。文字が写真の上下に表示されるようになります。

Memo

写真の周囲を文字が四角形状に折り返して表示されるようにするには、（［四角］）を選択します。

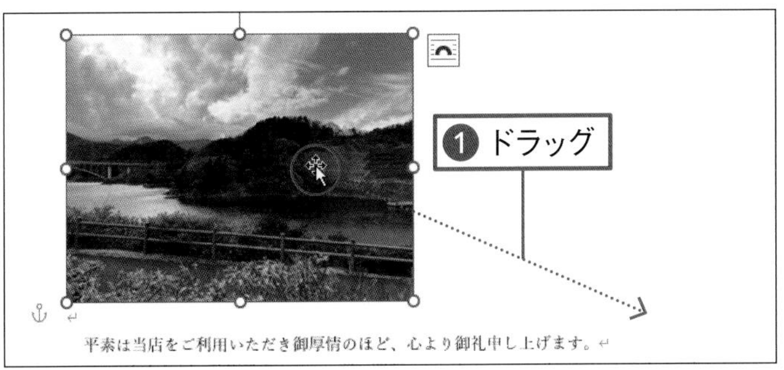

02 写真を移動する

写真の上下に文字が表示される設定になります。写真にマウスポインターを移動し、移動先にドラッグします❶。

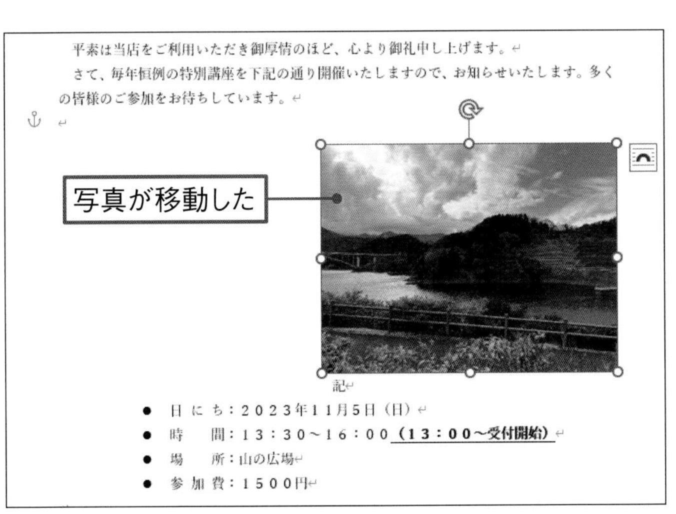

03 移動した

写真が移動しました。

Memo

レイアウトオプションの設定を変更すると、写真の近くの段落にアンカーという⚓が表示されます。これは、写真がその段落の位置に固定されていることを示します。⚓をドラッグして別の段落に固定することもできます。

練習ファイル 04-03a　完成ファイル 04-03b

写真に飾り枠を付けよう

写真に飾り枠を付けて写真を引き立たせましょう。図のスタイル機能を利用して写真の周囲に飾り枠を付けます。写真を加工するには、写真を選択すると表示されるタブを使います。

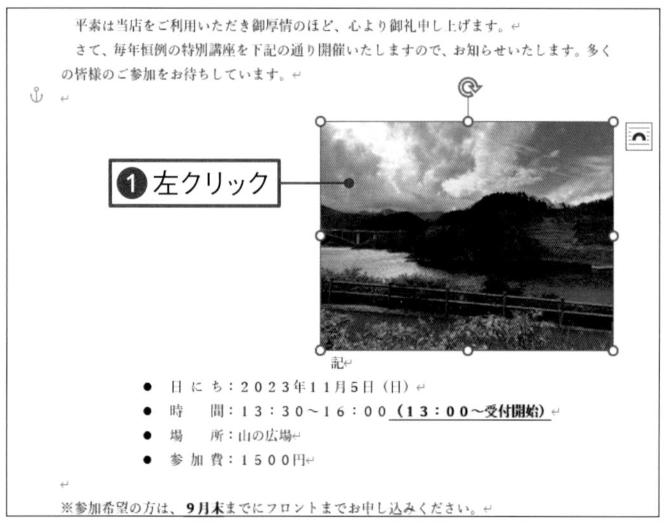

01 写真を選択する

写真を左クリックして選択します❶。

Memo

写真を別の写真に差し替えるには、写真を左クリックして選択し、［図の形式］タブの（［図の変更］ボタン）を左クリックします。続いて、差し替える写真の保存先などを選択して差し替える写真を指定します。

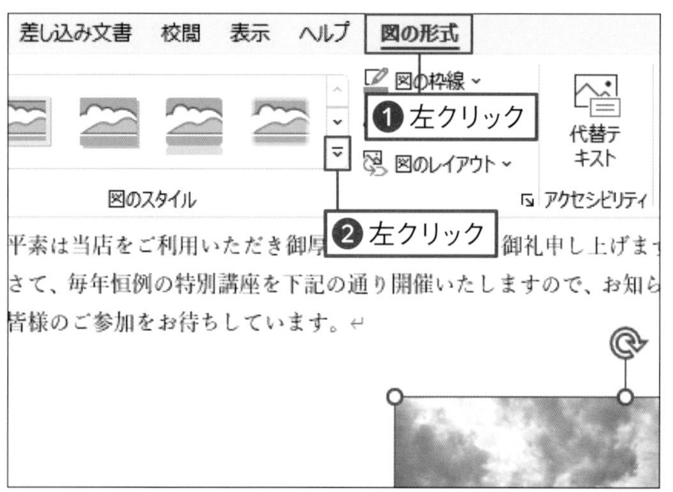

02 スタイル一覧を表示する

［図の形式］タブを左クリックします❶。［図のスタイル］の（［その他］）を左クリックします❷。

Memo

［図の形式］タブは、写真を選択すると表示されます。

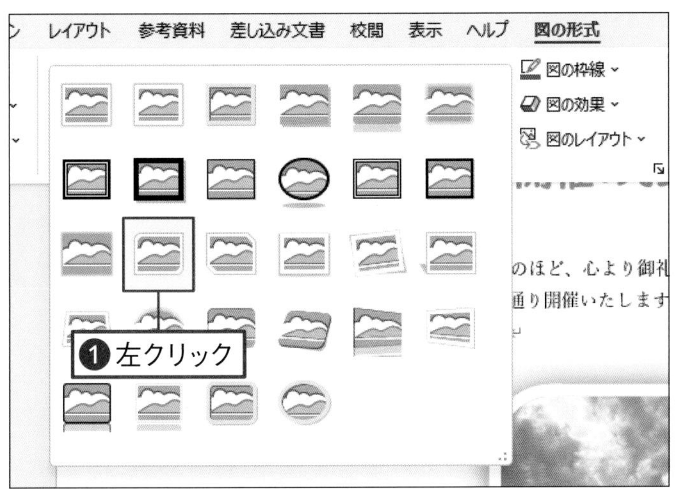

03 スタイルを選択する

スタイルの一覧が表示されます。スタイル(ここでは[対角を丸めた四角形、白])を選び左クリックします❶。

Memo

スタイルを変更すると、写真と文字の配置が変わる場合があります。必要に応じて写真の大きさや位置を調整します。

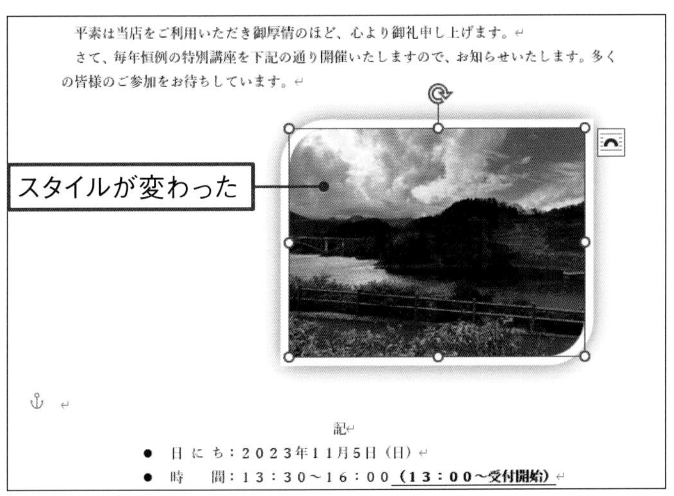

04 スタイルが変わった

指定したスタイルが適用され、写真に枠が付きました。

Check!

写真の書式設定を削除する

写真に設定した飾り枠や明るさなどの書式を削除して元の状態に戻すには、写真を左クリックして選択し❶、[図の形式]タブの(［図のリセット］ボタン)を左クリックします❷。図の大きさの変更もリセットするには、(［図のリセット］ボタン)右側のを左クリックし、[図とサイズのリセット]を左クリックします。

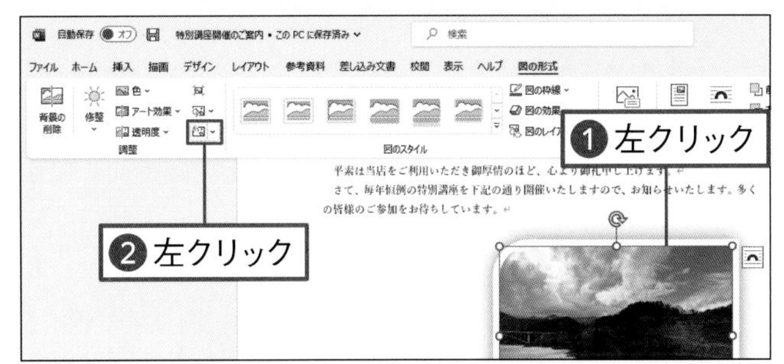

4-4

練習ファイル 04-04a　完成ファイル 04-04b

図形を描こう

ワードでは、さまざまな形の図形を描くことができます。図形の大きさは、図形を描くときに指定しますが、あとからでも変更できます。ここでは、星型の図形を追加します。

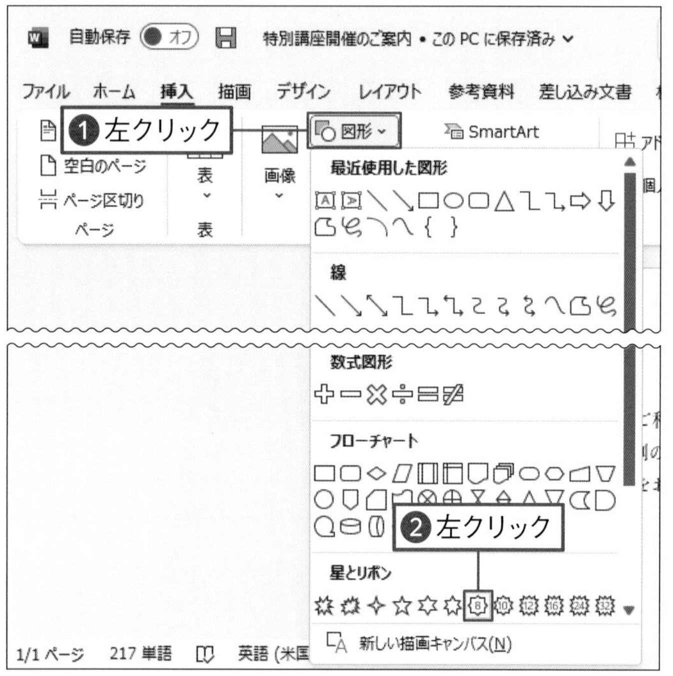

01 図形を選択する

[挿入]タブを左クリックし、図形（[図形の作成]ボタン）を左クリックします❶。

（[星：8pt]）を左クリックします❷。

Memo

ここで選択したもの以外にも、正方形や矢印、吹き出しなど多くの図形を利用できます。

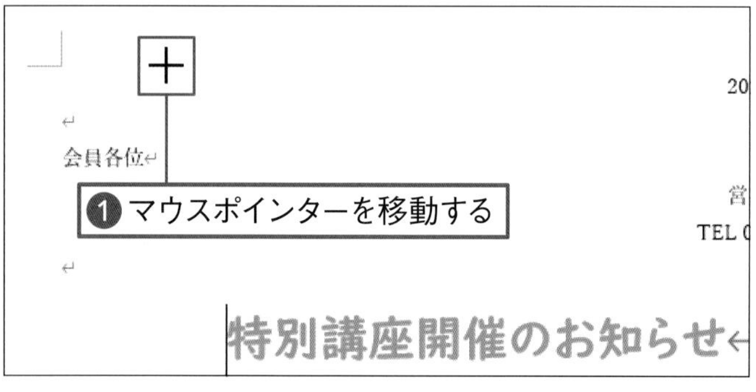

02 図形を描く場所を指定する

マウスポインターの形が ＋ に変わります。図形を描く場所にマウスポインターを移動します❶。

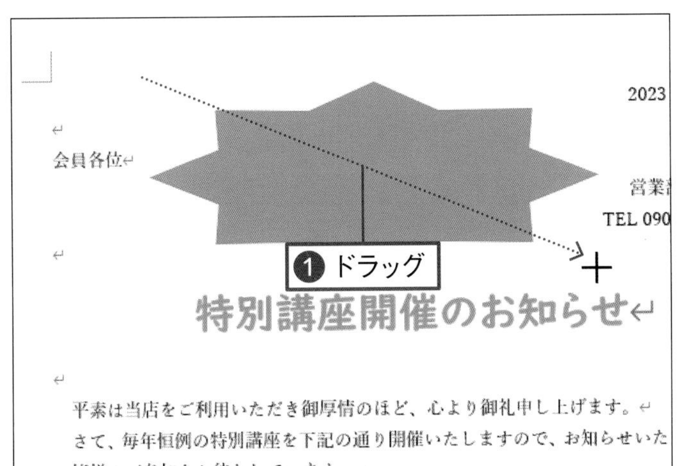

03 図形を描く

右下側に斜め方向にドラッグします❶。

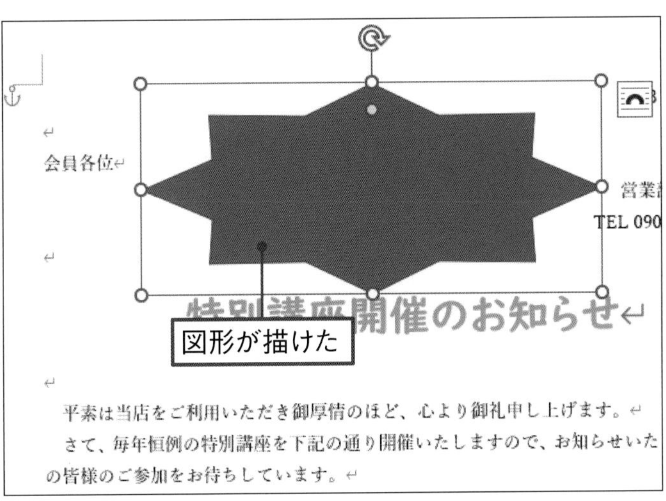

04 図形が描けた

図形が表示され、図形が選択された状態になります。図形以外を左クリックすると、図形の選択が解除されます。

Memo

図形を選択すると表示される ⟳ をドラッグすると図形が回転します。

Check!

図形の形を変える

図形の種類によっては、図形を選択すると、◎の黄色のハンドルが表示されます。◎をドラッグすると❶、図形の形を変更できます。

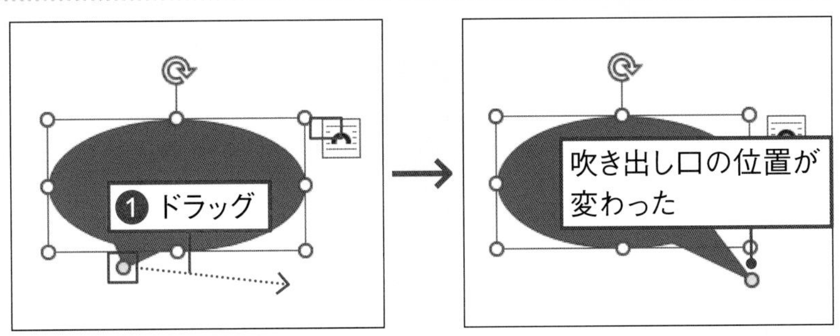

練習ファイル 04-05a　完成ファイル 04-05b

図形に文字を入力しよう

ほとんどの図形には文字を入力できます。 それには、 図形を描いたあとに、
キーボードから文字を入力します。 ここでは、 星型の図形に複数の項目を入力します。

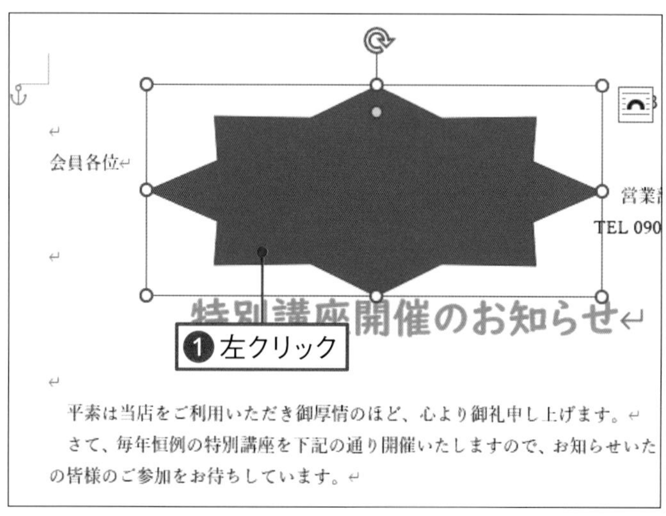

01 図形を選択する

図形を左クリックして選択します❶。

会員各位
<内容>
営業
TEL 090
特別講座開催のお知らせ
❶ 入力する
平素は当店をご利用いただき御厚情のほど、心より御礼申し上げます。
さて、毎年恒例の特別講座を下記の通り開催いたしますので、お知らせいた
の皆様のご参加をお待ちしています。

02 文字を入力する

左のように文字を入力し、 Enter キーを押して改行します❶。

Memo

図形に文字を入力できない場合は図形を右クリックして「テキストの追加」を左クリックします。 すると、図形内に文字カーソルが表示されます。

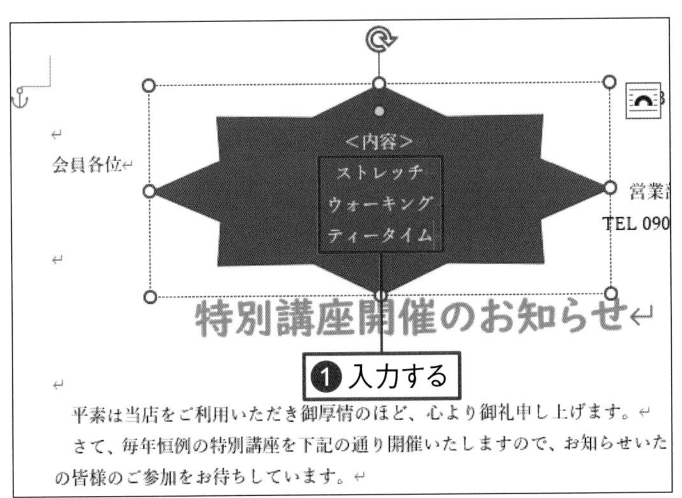

03 続きの文字を入力する

同様の方法で、続きの文字を入力します❶。

Memo

図形の上や下に文字を揃えるには、図形を選択して［図形の書式］タブの［文字の配置］（［文字の配置］ボタン）を左クリックし、配置場所を選択します。

Check!

文字の横の配置を変更する

文字の横の配置を変更するには、段落を選択し❶、［ホーム］タブの配置ボタンを左クリックします。たとえば、左に揃える場合は、［左揃え］（［左揃え］ボタン）を左クリックします❷。

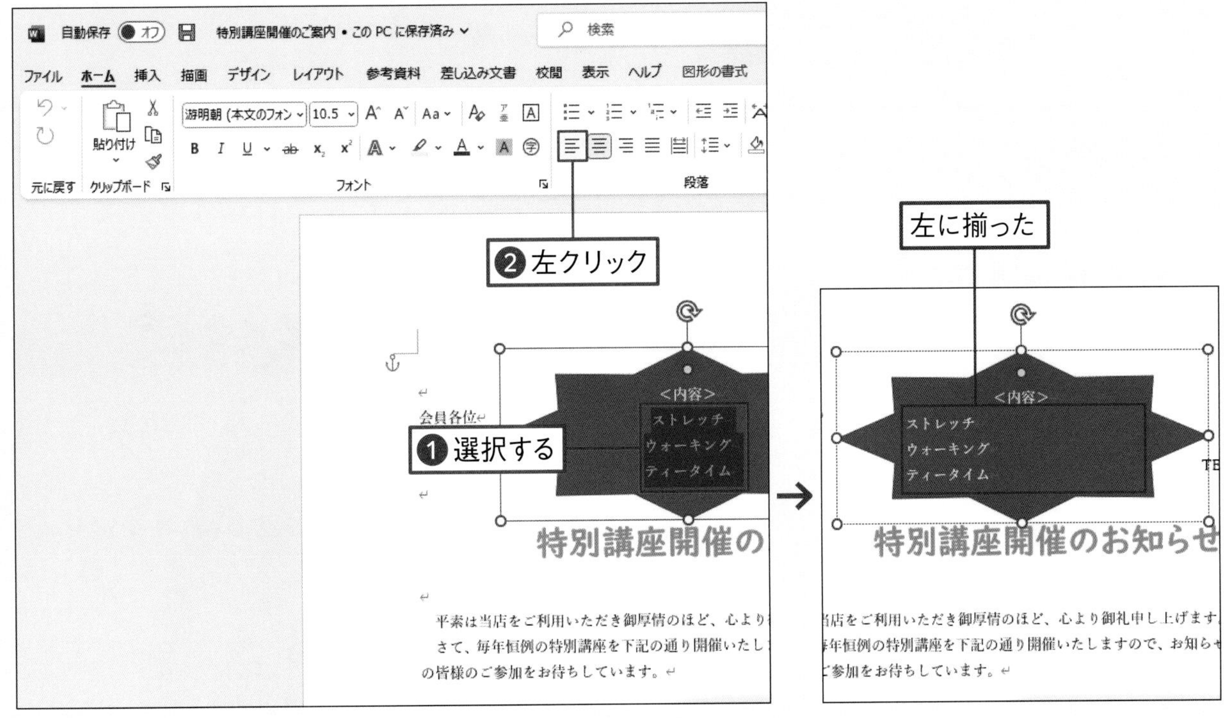

4-6 練習ファイル 04-06a 完成ファイル 04-06b

図形の色を変えよう

図形の塗りつぶしの色や外枠の色は、 あとから自由に変更できます。 図形の中の色や外枠の色を指定しましょう。 図形のデザインをまとめて変更するには、 スタイルを適用します。

図形の色を変更する

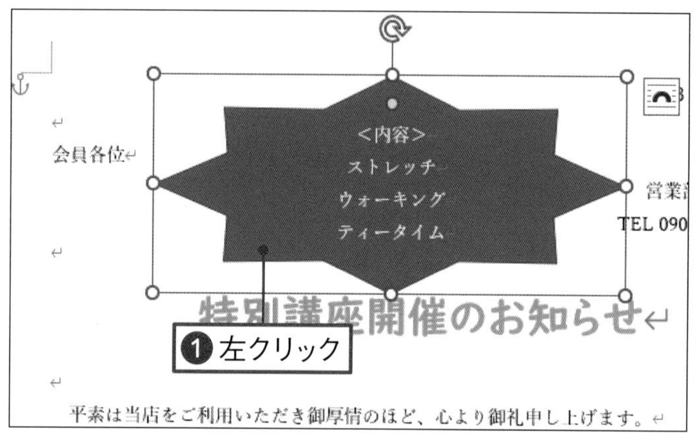

01 図形を選択する

色を変更する図形を左クリックして選択します❶。

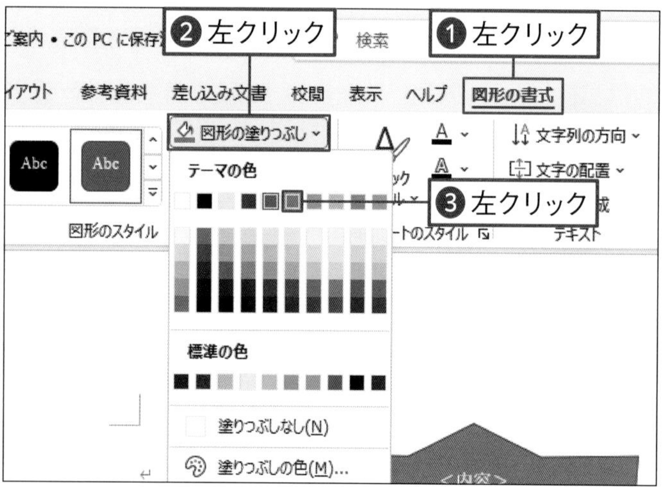

02 色を変更する

[図形の書式] タブを左クリックします❶。 (［図形の塗りつぶし］ボタン) を左クリックし❷、 色 (ここでは [オレンジ、 アクセント2]) を選び左クリックします❸。

Memo

塗りつぶしの色をなしにするには、 塗りつぶしなし(N) を左クリックします。

枠線の色を変更する

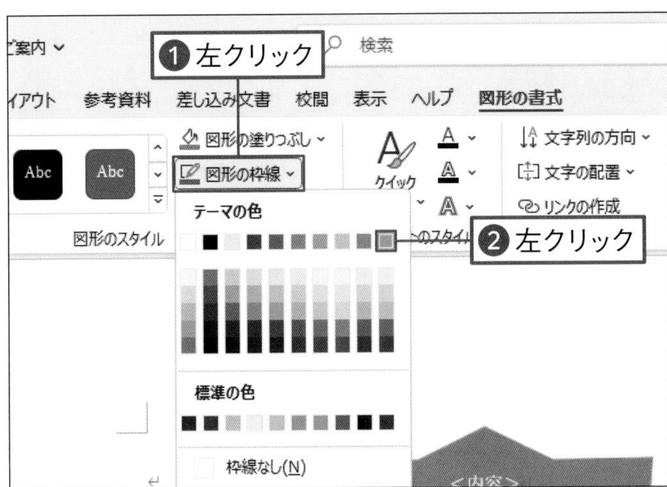

01 枠線の色を変更する

[図形の書式]タブの 図形の枠線 ([図形の枠線])を左クリックし❶、色(ここでは[緑、アクセント6])を選び左クリックします❷。

Memo
枠線をなしにするには、 枠線なし(N) を左クリックします。

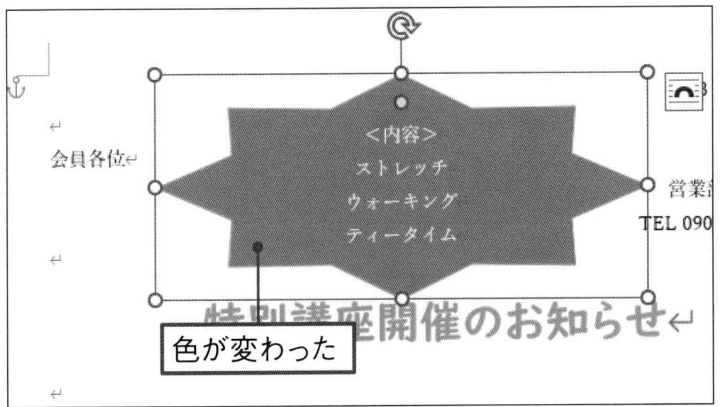

02 色が変わった

図形の塗りつぶしの色や枠線の色が変更されました。

Check!

図形のスタイルを変更する

図形の塗りつぶしの色や枠線などのデザインをまとめて変更するには、図形のスタイルを設定します。図形を左クリックして選択し❶、[図形の書式]タブの[図形のスタイル]の ([その他]ボタン)を左クリックします❷。表示される一覧からスタイルを選び左クリックします❸。

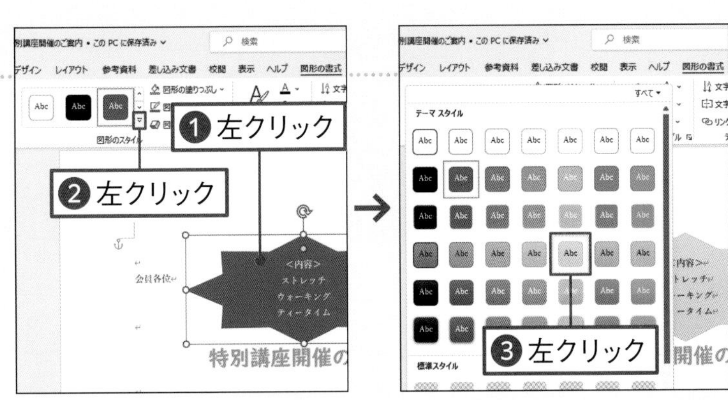

練習ファイル 04-07a 完成ファイル 04-07b

図形の大きさと位置を変えよう

図形の大きさや位置を変更する方法を知りましょう。大きさを変更するには、図形を選択すると表示されるサイズ変更ハンドルを使います。ここでは、図形を小さくして図形を写真の横に配置します。

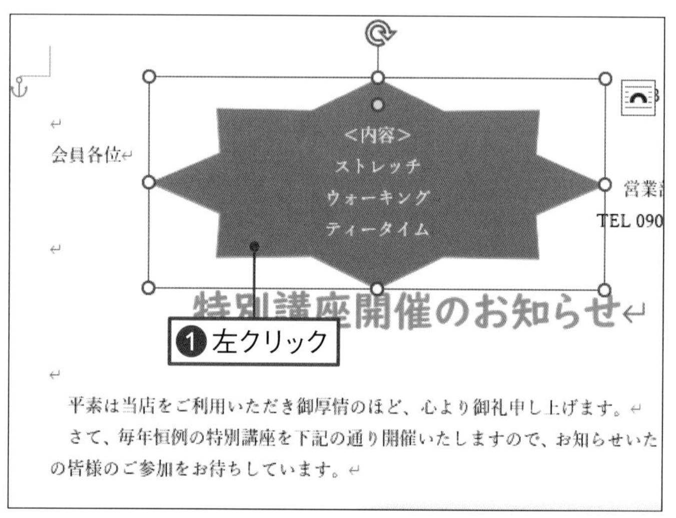

01 図形を選択する

図形を左クリックして選択します❶。

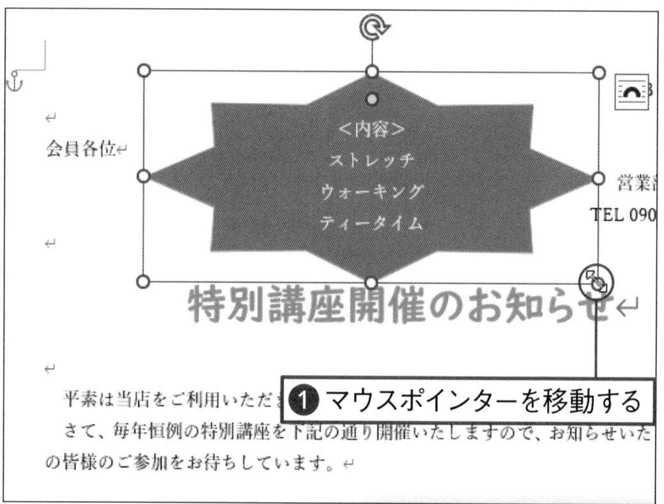

02 大きさを変更する準備をする

図形の周囲に表示される○のハンドルにマウスポインターを移動します❶。マウスポインターの形が⤡に変わります。

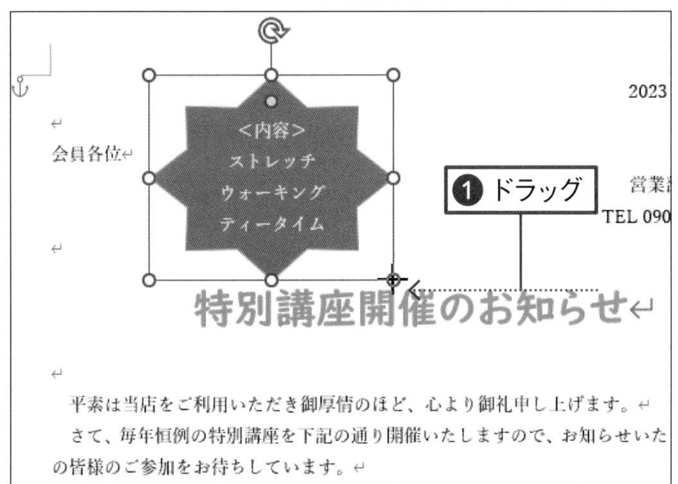

03 大きさを変更する

○のハンドルをドラッグします❶。図形の大きさが変わります。

Memo

図形の四隅の○をドラッグすると、図形の縦横の大きさをまとめて変更できます。

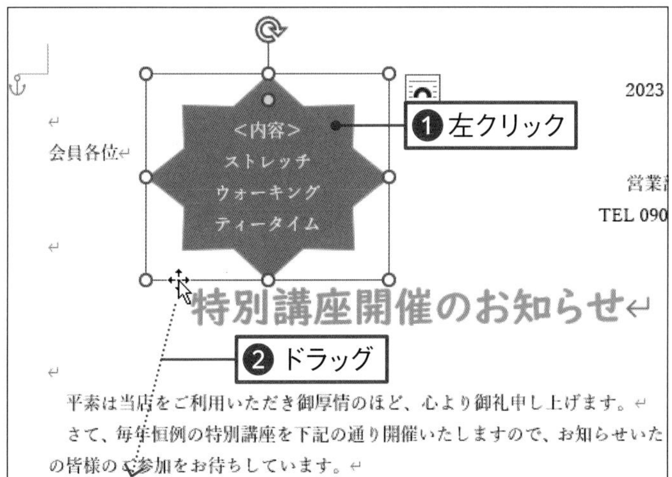

04 図形を移動する

図形を左クリックして選択し❶、図形の外枠部分を移動先に向かってドラッグします❷。

Memo

図形を描くと、「レイアウトオプション」の「文字列の折り返し位置」は「前面」になっています。そのため、文字の上に図形を重ねると文字の上に表示されます。

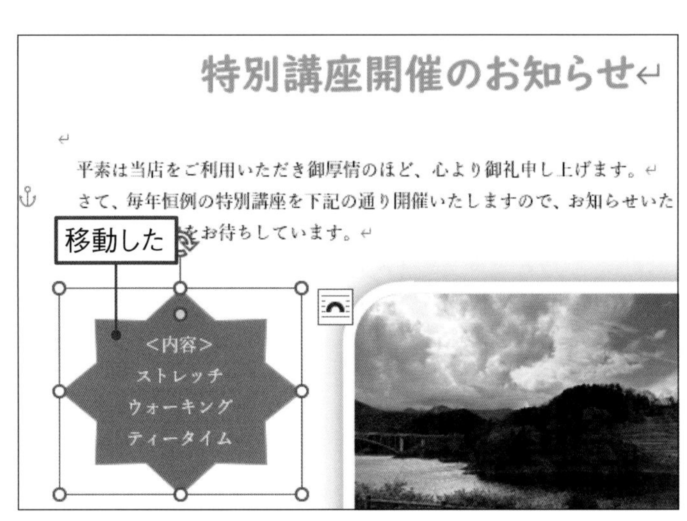

05 移動した

図形が移動します。図形の大きさや位置が綺麗に収まらない場合は、手順 01 ～ 04 を参考に再度調整します。

練習ファイル 04-08a　完成ファイル 04-08b

イラストを追加しよう

アイコン機能を利用して、文書にアイコンを追加してみましょう。ここでは、検索キーワードを入力してアイコンを検索して追加します。アイコンを追加したあとは、アイコンの大きさや位置を整えます。

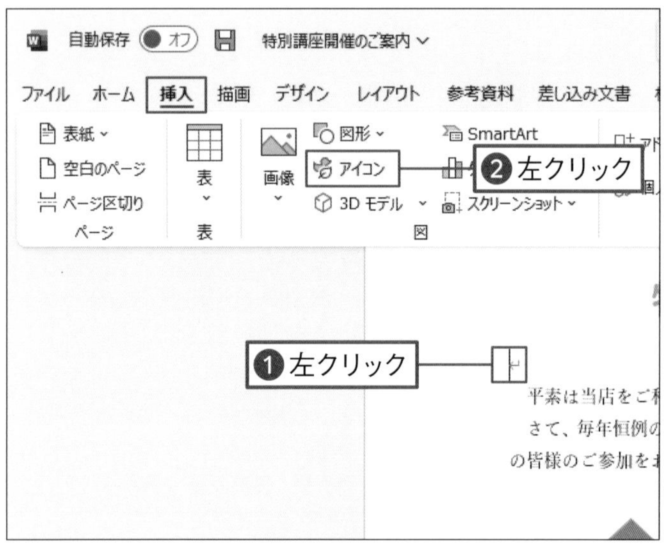

01 追加する場所を選択する

アイコンを追加する場所を左クリックします❶。[挿入]タブの アイコン ([アイコンの挿入]ボタン)を左クリックします❷。

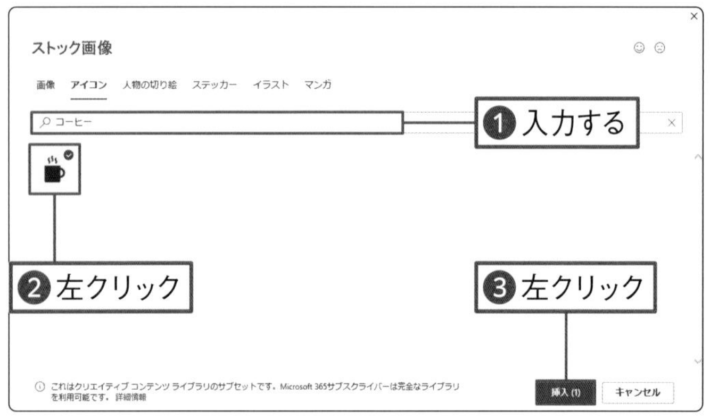

02 アイコンを検索する

検索キーワード(ここでは「コーヒー」)を入力します❶。検索結果から追加するアイコンを左クリックします❷。 挿入 (1) を左クリックします❸。

Memo

表示されるアイコンの種類は、お使いの環境によって異なる場合があります。

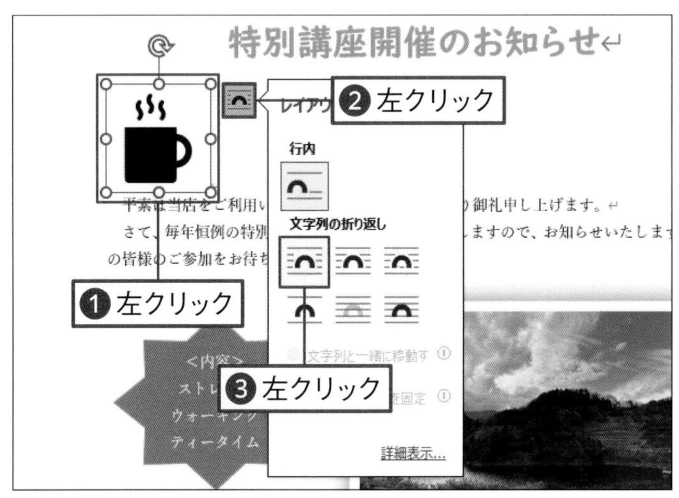

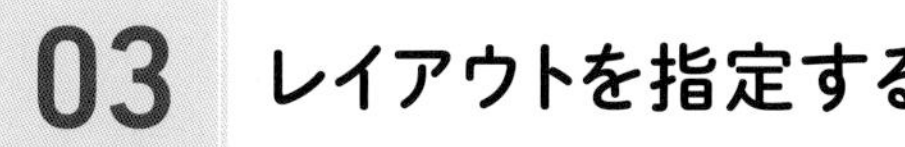

03 レイアウトを指定する

アイコンを左クリックします❶。 ([レイアウトオプション]ボタン)を左クリックし❷、 ([四角]ボタン)を左クリックします❸。

04 大きさや位置を変更する

70ページを参照して、アイコンの四隅の○をドラッグして大きさを調整します。アイコンをドラッグして、位置を調整します。

第4章 写真・図形を利用しよう

Check!

ストック画像を利用する

ワード2021やMicrosoft 365のワードを使用している場合は、ストック画像という、イラストや画像の素材集のような機能を利用できます。[挿入]タブの ([画像を挿入します]ボタン)を ストック画像...(S) を左クリックすると表示される画面で分類を選択し❶、画像やイラストを左クリックし❷、 挿入(1) を左クリックします❸。

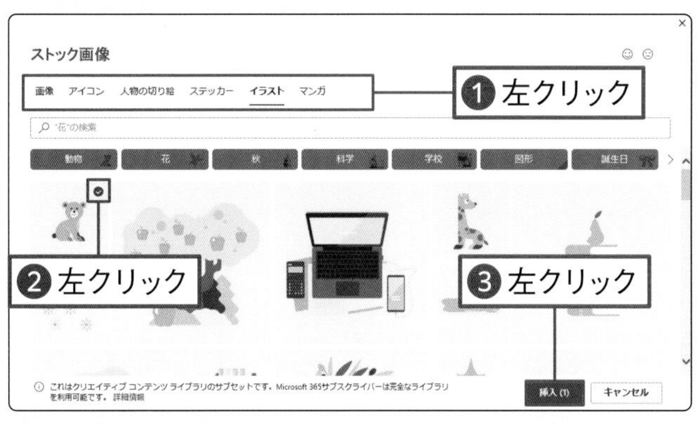

第4章 練習問題

1

パソコンに保存してある写真を入れるときに、［挿入］タブの［画像を挿入します］を左クリックしたあとに、左クリックする場所はどれですか？

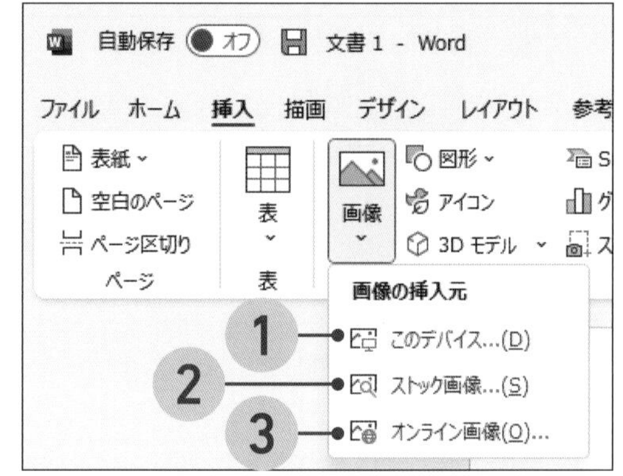

2

図形の大きさを変更するときに、ドラッグする場所はどこですか？

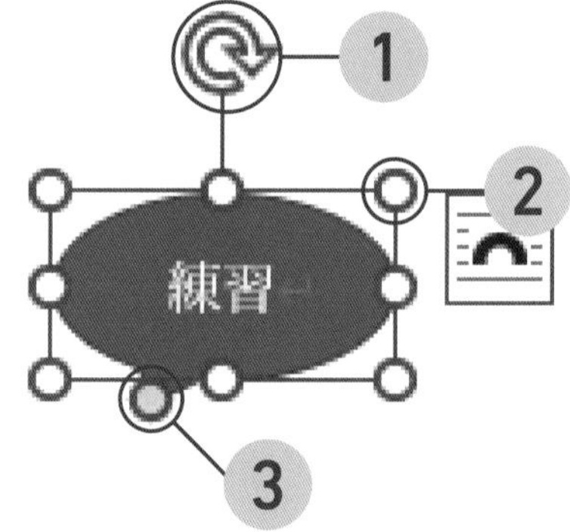

3

アイコンを追加するときに、左クリックするボタンはどれですか？

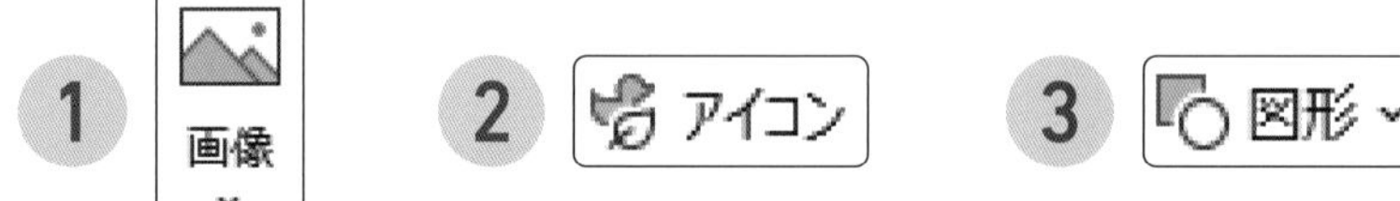

Chapter 5

ワードで印刷しよう

この章では、ワードで作成した文書を印刷する方法や印刷時の設定について紹介します。プリンターを使用できるように準備をして操作しましょう。印刷前には、印刷イメージを確認することが重要です。必要に応じて印刷時の設定を変更します。

この章で学ぶこと

ワードで印刷しよう

この章では、文書の印刷イメージを確認し、印刷する方法を紹介します。
必要に応じて余白の位置などを調整して、見やすく印刷しましょう。
作成した文書をPDF形式のファイルとして保存する方法も紹介します。

印刷を実行する画面

印刷画面の右側には、印刷イメージが表示されます。印刷イメージを見ながら、左側で、印刷時の設定を変更できます。[プリンターのプロパティ]を左クリックすると、プリンターの設定画面が表示されます。[ページ設定]を左クリックすると、「ページ設定」画面が表示されます。

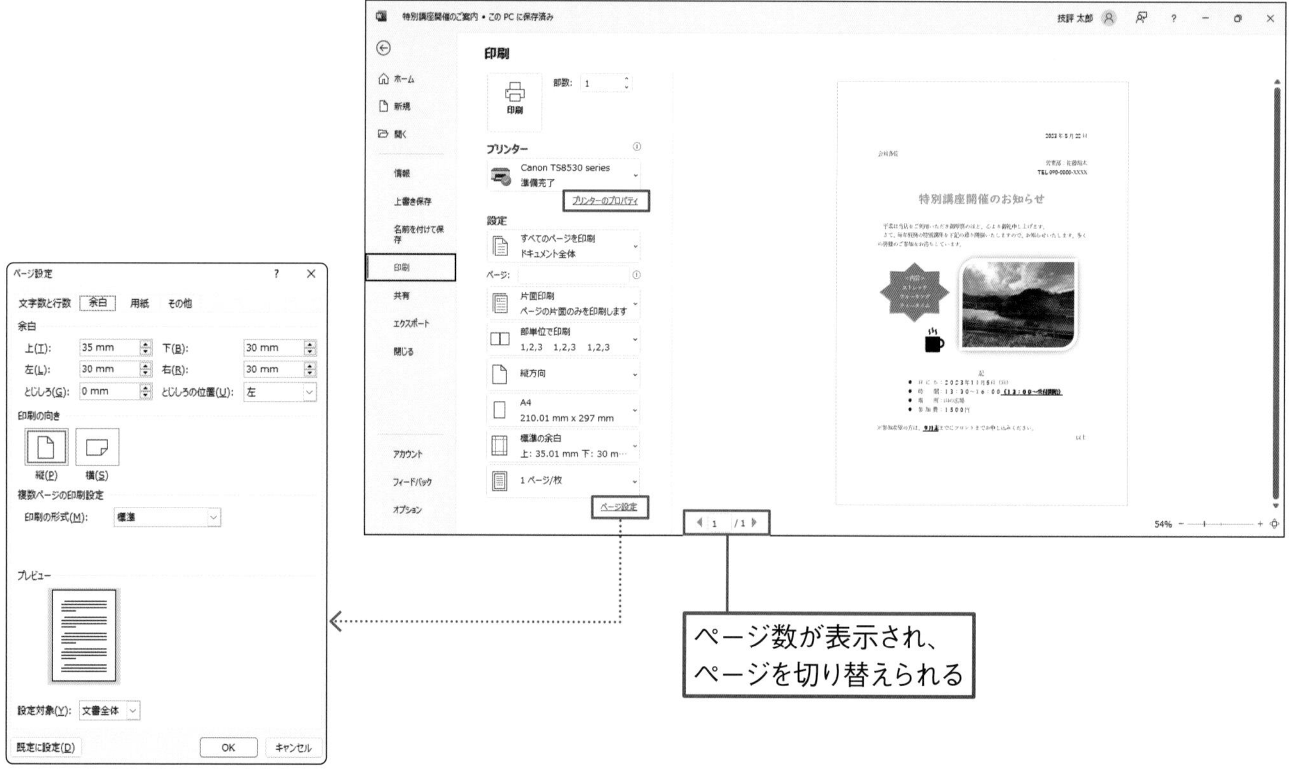

「レイアウト」タブの印刷設定

印刷を行う画面では、余白位置などの印刷時の設定を変更できますが、[レイアウト] タブにも、印刷時の設定を変更するボタンが並んでいます。たとえば、[余白の調整] を左クリックすると余白を指定できます。

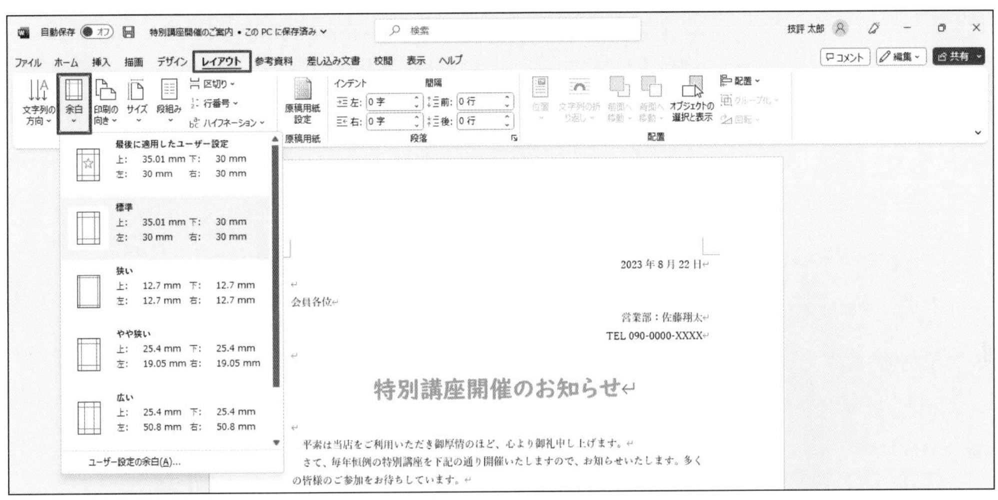

「ページ設定」画面

[レイアウト] タブの ⧉ ([ダイアログボックス起動ツール]) を左クリックすると、「ページ設定」画面が表示されます。「ページ設定」画面では、余白の大きさや用紙サイズなどをまとめて指定できます。

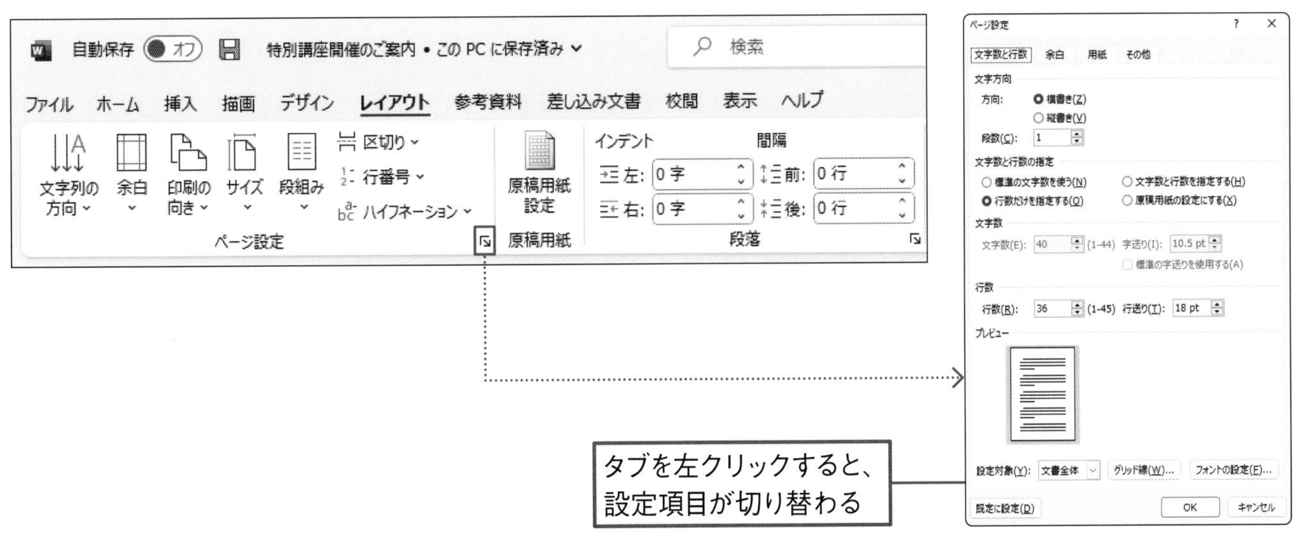

練習ファイル 05-01a 完成ファイル なし

文書を印刷しよう

完成した文書を印刷するときは、事前に印刷イメージを確認しましょう。複数ページにわたる文書を印刷する場合は、ページを切り替えて確認します。プリンターや印刷部数を確認して印刷します。

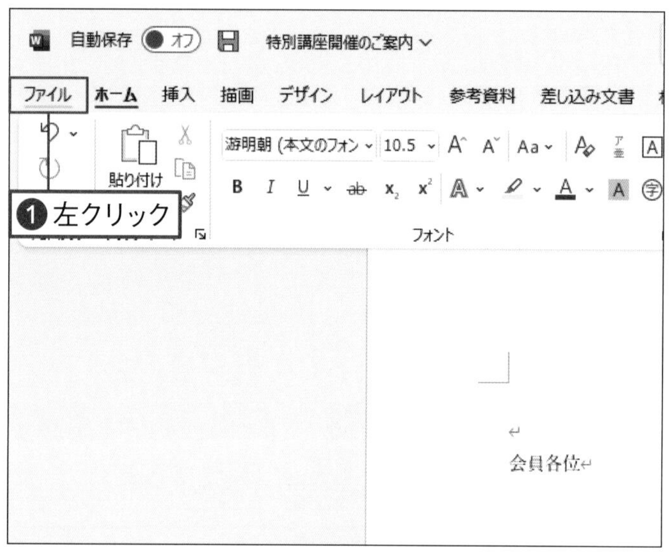

01 印刷イメージを表示する

［ファイル］タブを左クリックします❶。文書の保存や印刷などの操作ができるBackstageビューの画面が表示されます。

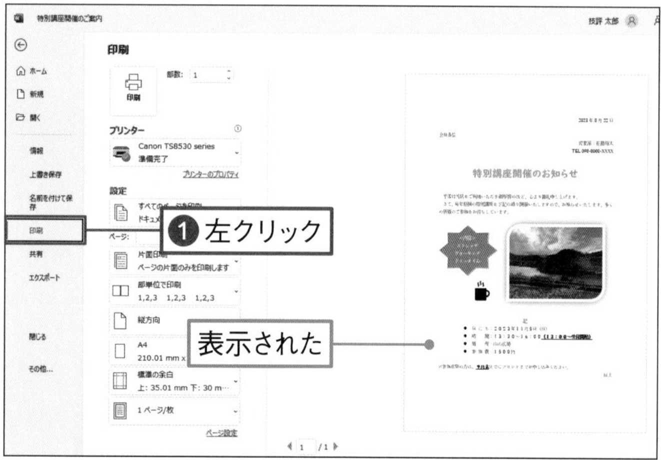

02 印刷イメージを確認する

印刷 を左クリックします❶。画面の右側に印刷イメージが表示されました。

Memo

プリンター 欄には、パソコンに接続しているプリンターの名前が表示されます。使用するプリンターが表示されていない場合は、プリンター名の右端の ⌄ を左クリックしてプリンターを選択します。

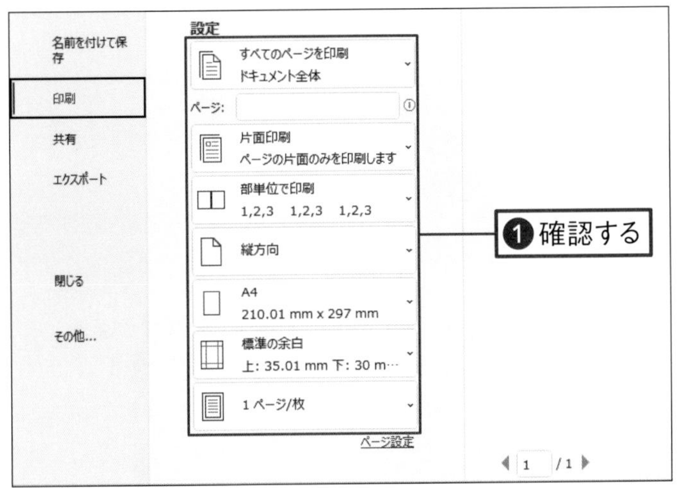

03 印刷の設定を確認する

印刷時の設定や部数を確認します❶。必要に応じて設定を変更します。ここでは、特に変更しません。

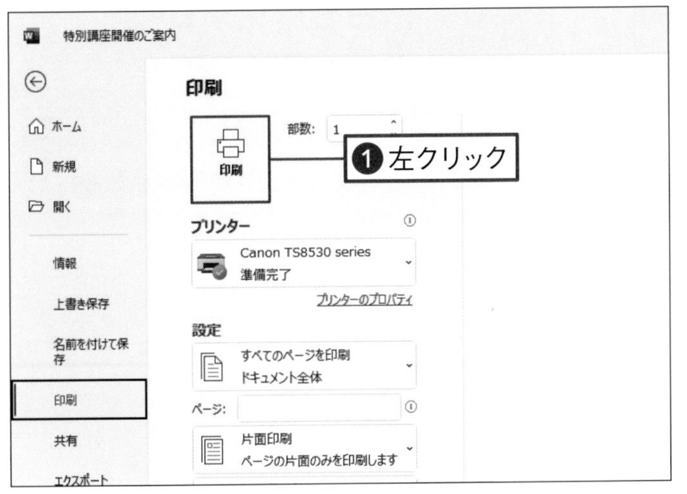

04 印刷する

[印刷]を左クリックすると❶、印刷が実行されます。

Memo

複数印刷したいときは[部数]の数字を指定します。

Check!

拡大／縮小表示する

印刷イメージを拡大／縮小表示するには、画面右下の [54%] ([ズーム])のつまみを左右にドラッグします❶。[ページに合わせる] ([ページに合わせる]ボタン))を左クリックすると、ページ全体が表示されます。

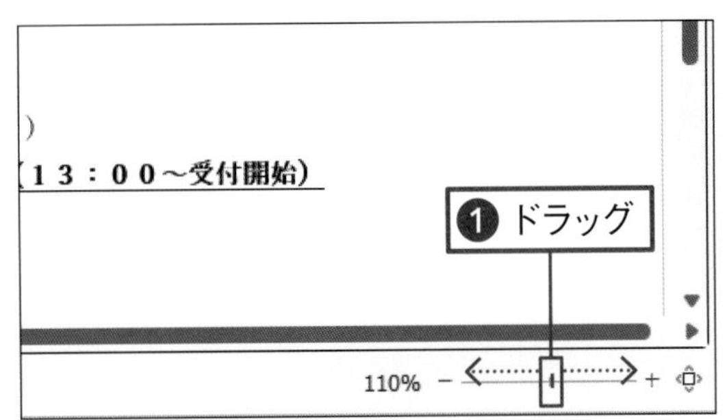

練習ファイル 05-02a 完成ファイル 05-02b

余白を調整しよう

余白のバランスが悪い場合は、余白の位置を調整しましょう。1ページに収まるはずの文書が2ページにわかれてしまうような場合は、余白を狭くすることでページ内に収められるケースもあります。

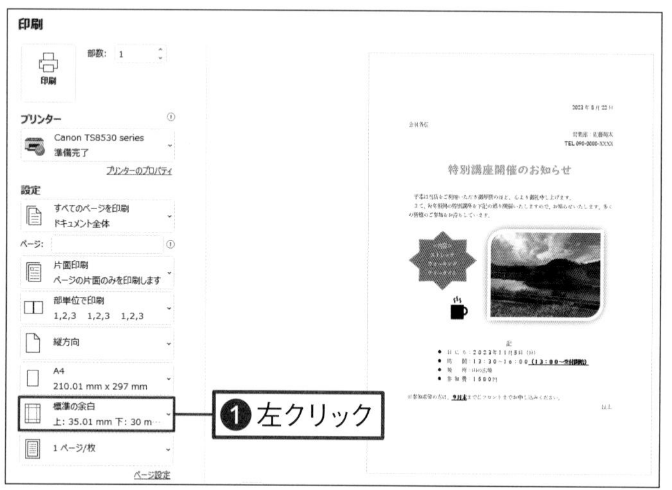

01 余白を変更する準備をする

88ページの方法で、印刷イメージを表示します。「標準の余白 上: 35.01 mm 下: 30 m…」を左クリックします❶。

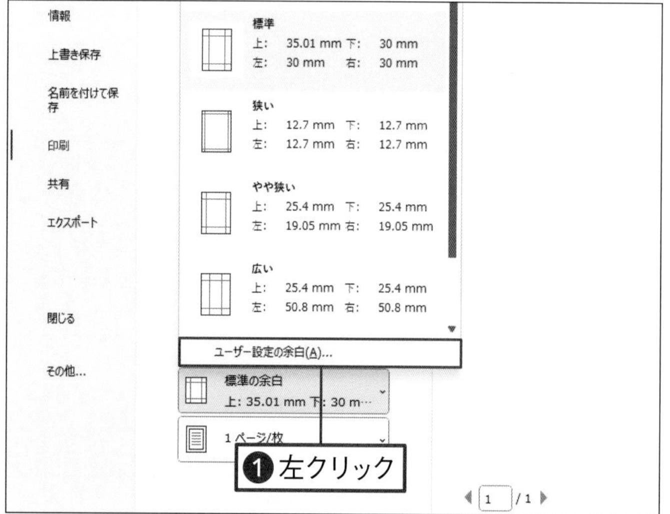

02 設定画面を表示する

ここでは、余白を数値で指定します。「ユーザー設定の余白(A)...」を左クリックします❶。

Memo

余白は、「広い」「狭い」などの項目を選択して指定することもできます。

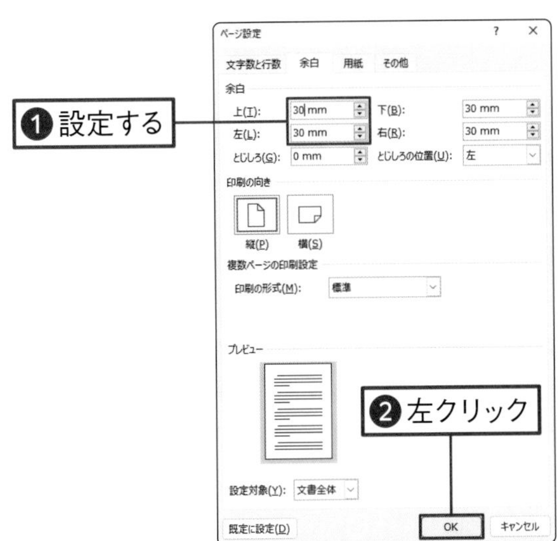

03 余白を指定する

[ページ設定] 画面が表示されます。[余白] タブで ⬍ を左クリックして余白位置を調整し、指定します❶。OK を左クリックします❷。

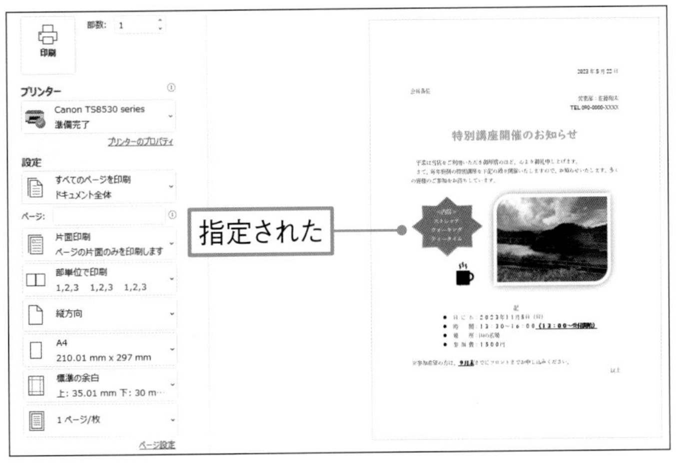

04 余白が変わった

余白位置を指定できました。

Check!

[レイアウト] タブで指定する

余白位置は、[レイアウト] タブの ▢ ([余白の調整] ボタン) を左クリックして指定することもできます❶。印刷前の文書の編集中にも設定できます。

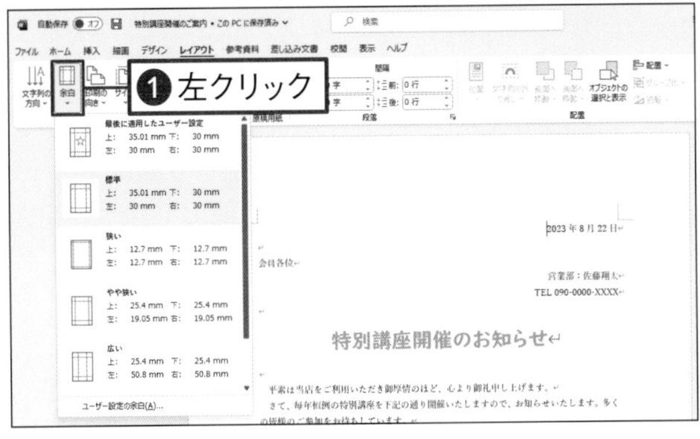

練習ファイル 05-03a 完成ファイル 05-03b

文書をPDFファイルにしよう

完成した文書をPDF形式で保存する方法を紹介します。PDF形式のファイルは、ブラウザーやPDFビューアーなどのソフトで表示できます。ここでは、保存したPDF形式のファイルを開いて確認します。

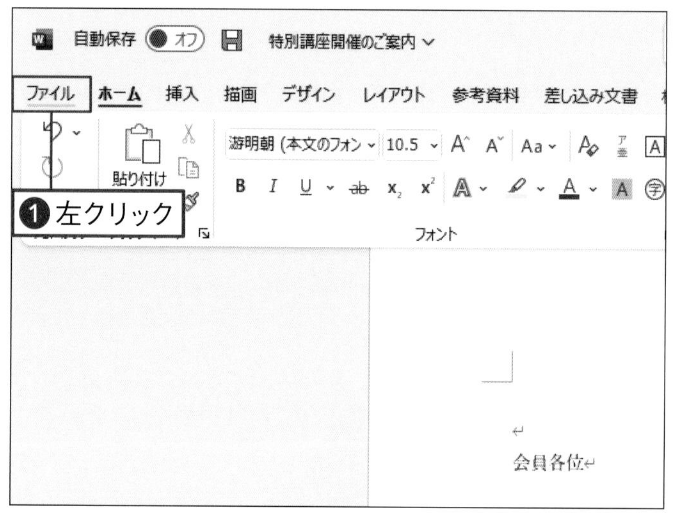

01 保存の準備をする

PDF形式で保存するファイルを開いておきます。[ファイル]タブを左クリックします❶。

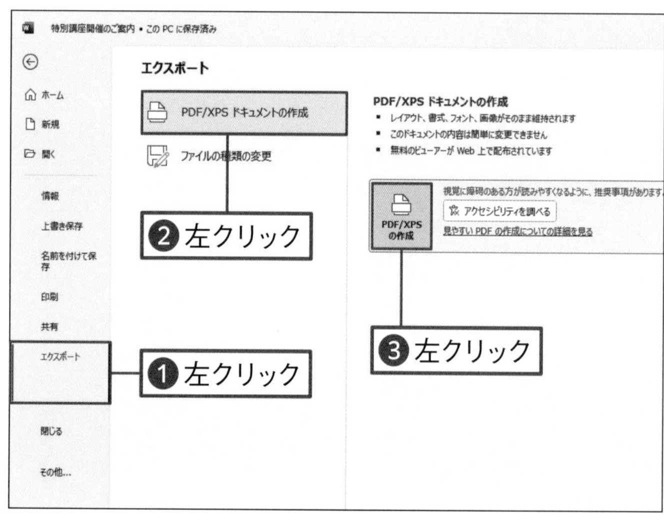

02 保存画面を開く

[エクスポート]を左クリックします❶。[PDF/XPS ドキュメントの作成]を左クリックし❷、[PDF/XPS の作成]を左クリックします❸。

Memo

PDF形式とは、文書を保存するときに広く利用されているファイル形式です。どのような環境でも同じように文書を表示できるという特徴があります。

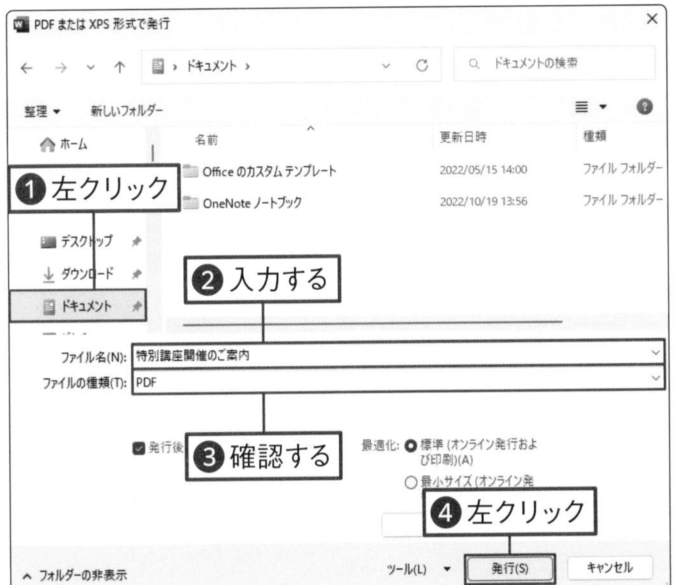

03 保存する

ドキュメント を左クリックします❶。［ファイル名］の欄にファイルの名前を入力します❷。ファイルの種類に「PDF」と表示されていることを確認します❸。 発行(S) を左クリックします❹。

Memo

PDF形式で保存する画面で オプション(O)... （［オプション］ボタン）を左クリックすると、保存するページの範囲など詳細を指定できます。

04 ファイルが表示された

指定した場所にファイルが保存されます。手順 03 の保存の画面で 発行後にファイルを開く(E) にチェックが付いていると、保存されたファイルが開きます。

Check!

Acrobat Readerについて

PDF形式のファイルを見やすく表示したり印刷したりするには、PDFビューアーというソフトを利用すると便利です。たとえば、Acrobat Readerとは、一般的に広く利用されているPDFビューアーです。アドビ株式会社のホームページから無料でダウンロードして利用できます。

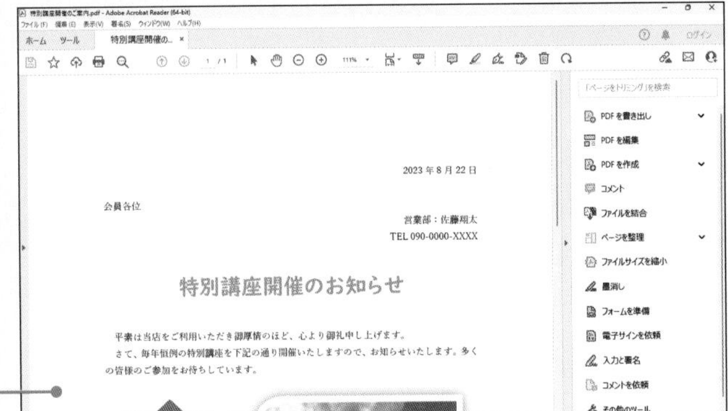

第5章 練習問題

1

文書を印刷するときに、左クリックするタブはどれですか？

1 ファイル　2 ホーム　3 レイアウト

2

文書の余白位置を指定するときに、［レイアウト］タブで左クリックするボタンはどれですか？

1 余白　2 印刷の向き　3 サイズ

3

文書をPDF形式で保存するときに、
Backstageビューで左クリックするところはどこですか？

1 新規　2 開く　3 エクスポート

Chapter 6

エクセルの基本操作を身に付けよう

この章では、エクセルを使うときに知っておきたい基本操作を紹介します。エクセルを起動して、画面各部の名称や役割を知りましょう。ブックの保存や、保存したブックを開くなど、ファイル操作も確認します。今後の基本となる操作なのでしっかりマスターしましょう。

練習ファイル なし 完成ファイル なし

エクセルを起動・終了しよう

スタートメニューからエクセルを起動して、使う準備をしましょう。エクセルが起動したら、空白のブックを選び、新規のブックを用意します。また、エクセルを終了する方法も紹介します。

01 スタートメニューを表示する

（［スタート］ボタン）を左クリックします❶。すべてのアプリ を左クリックします❷。

Memo

Windows 10を使用している場合は、スタートボタンを左クリックして、表示されるアプリ一覧からエクセルの項目を左クリックします。

02 エクセルを起動する

マウスポインターをスタートメニューの中に移動してマウスホイールを下に回転させて❶、メニューの下を表示します。Excel を左クリックします❷。

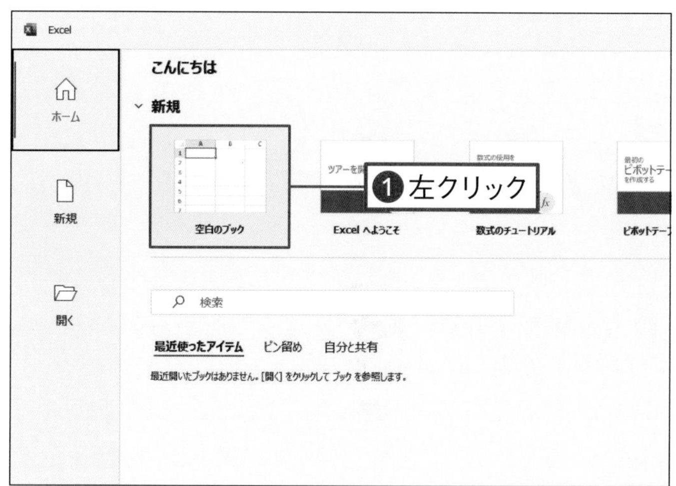

03 新規ブックを準備する

エクセルが起動しました。 空白のブック を左クリックします❶。

Memo

エクセルで作成したファイルを「ブック」と言います。「ブック」も「ファイル」も同じ意味で使います。

04 エクセルを終了する

白紙のブックが作成されました。 エクセルを終了するには、 ウィンドウの右上の ✕ ([閉じる] ボタン) を左クリックします❶。

Check!

終了時にメッセージが表示された場合

手順 04 で ✕ ([閉じる] ボタン) を左クリックしたときに、 次のような画面が表示される場合があります。 これは、 ブックを保存せずにエクセルを終了しようとしたときに表示されるメッセージです。 ブックを保存する場合は 保存(S) 、 保存しないでエクセルを終了する場合は 保存しない(N) を左クリックします。
別のメッセージが表示された場合は、15ページを参照してください。

練習ファイル なし 完成ファイル なし

エクセルの画面の見方を知ろう

エクセルの画面各部の名称と役割を確認しましょう。名称を忘れてしまった場合は、このページに戻って確認します。なお、画面はウィンドウの大きさなどによって異なる場合もあります。

エクセルの画面構成

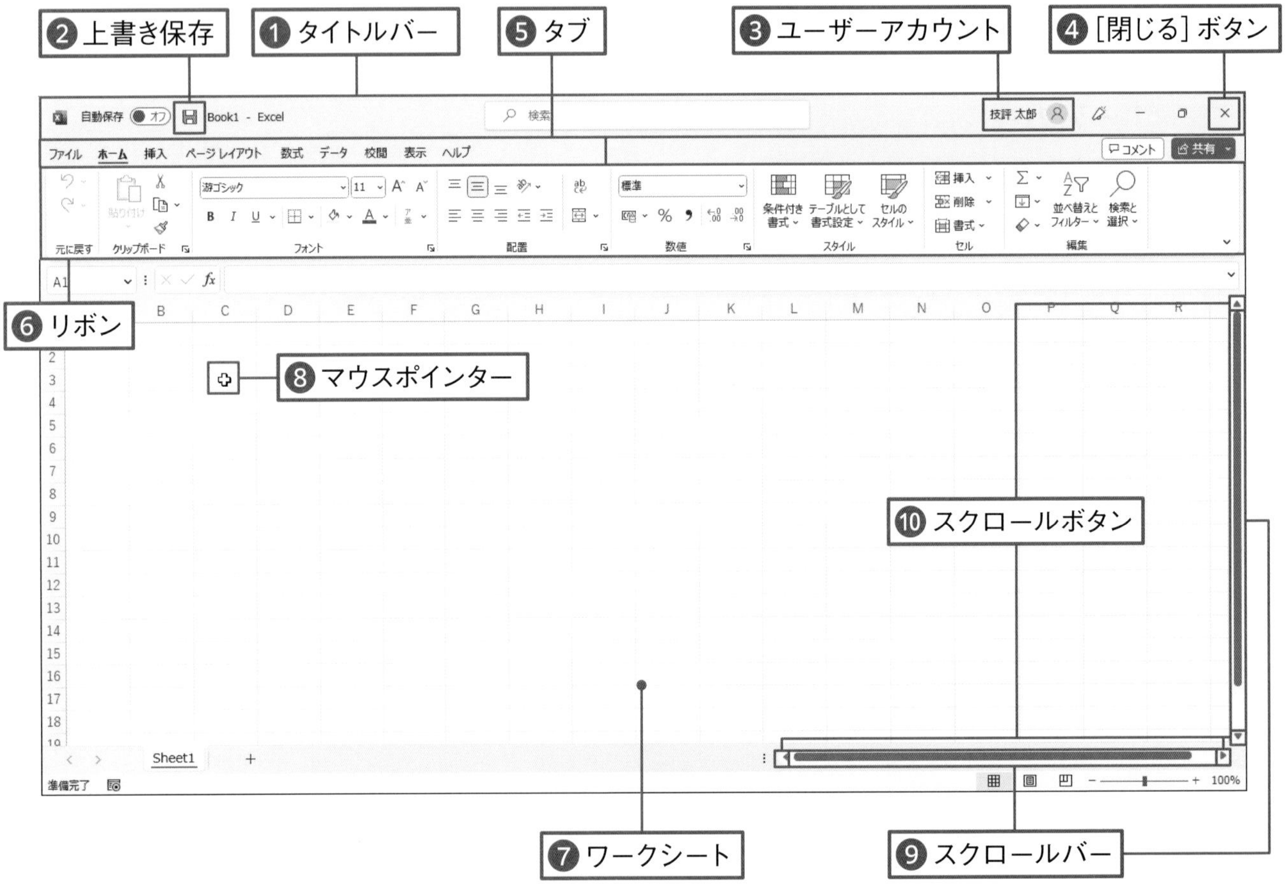

❶ タイトルバー

ブックの名前が表示されるところです。

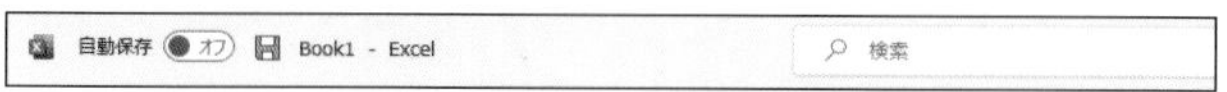

❷ 上書き保存

ブックを上書きして保存します。

Memo

画面の左上には、よく使うボタンを配置するクイックアクセスツールバーを表示できます。エクセル2019を使用している場合は、クイックアクセスツールバーに[上書き保存]ボタンが表示されます。クイックアクセスツールバーは、タブやリボンを右クリックすると表示されるメニューから、表示するかどうかを切り替えられます。

❸ ユーザーアカウント

マイクロソフトアカウントでOfficeソフトにサインインしているときは、アカウントの氏名が表示されます。サインインしていない場合は、サインイン を左クリックしてサインインできます。

❹ [閉じる] ボタン

エクセルを終了するときに使います。

❼ ワークシート

計算表を作成したりするシートです。データを入力したり計算をしたりするときは、この中で行います。16,384列×1,048,576行で構成される大きなシートです。

❽ マウスポインター

マウスの位置を示しています。マウスポインターの形はマウスの位置によって変わります。

❾ スクロールバー

縦方向のスクロールバーをドラッグすると、ワークシートを上下にずらせます。横方向のスクロールバーをドラッグすると、ワークシートを左右にずらせます。

❿ スクロールボタン

ワークシートを1行、1列ずつずらして表示します。

❺ タブ／❻ リボン

エクセルで実行できる機能が「タブ」ごとに分類され、リボンに表示されています。

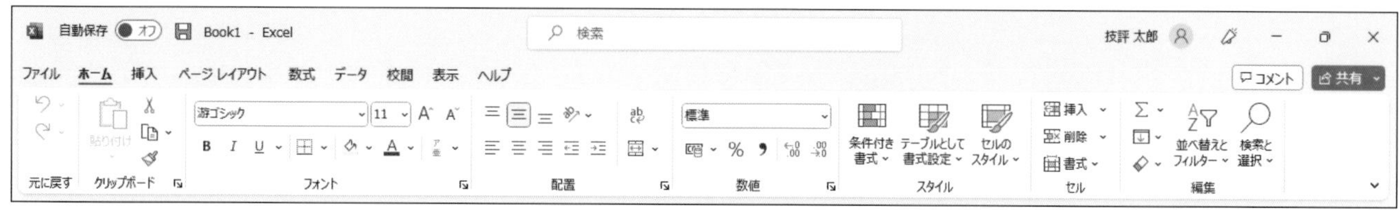

6-3

練習ファイル なし　完成ファイル なし

ワークシートの構成を知ろう

エクセルでは、 とても大きなワークシートに計算表やグラフなどを作成します。 新規のブックを用意した直後は、 ワークシートの左上が見えている状態です。 各部の名称を確認しましょう。

ワークシートの画面構成

エクセルのワークシートは、 次のような構成になっています。

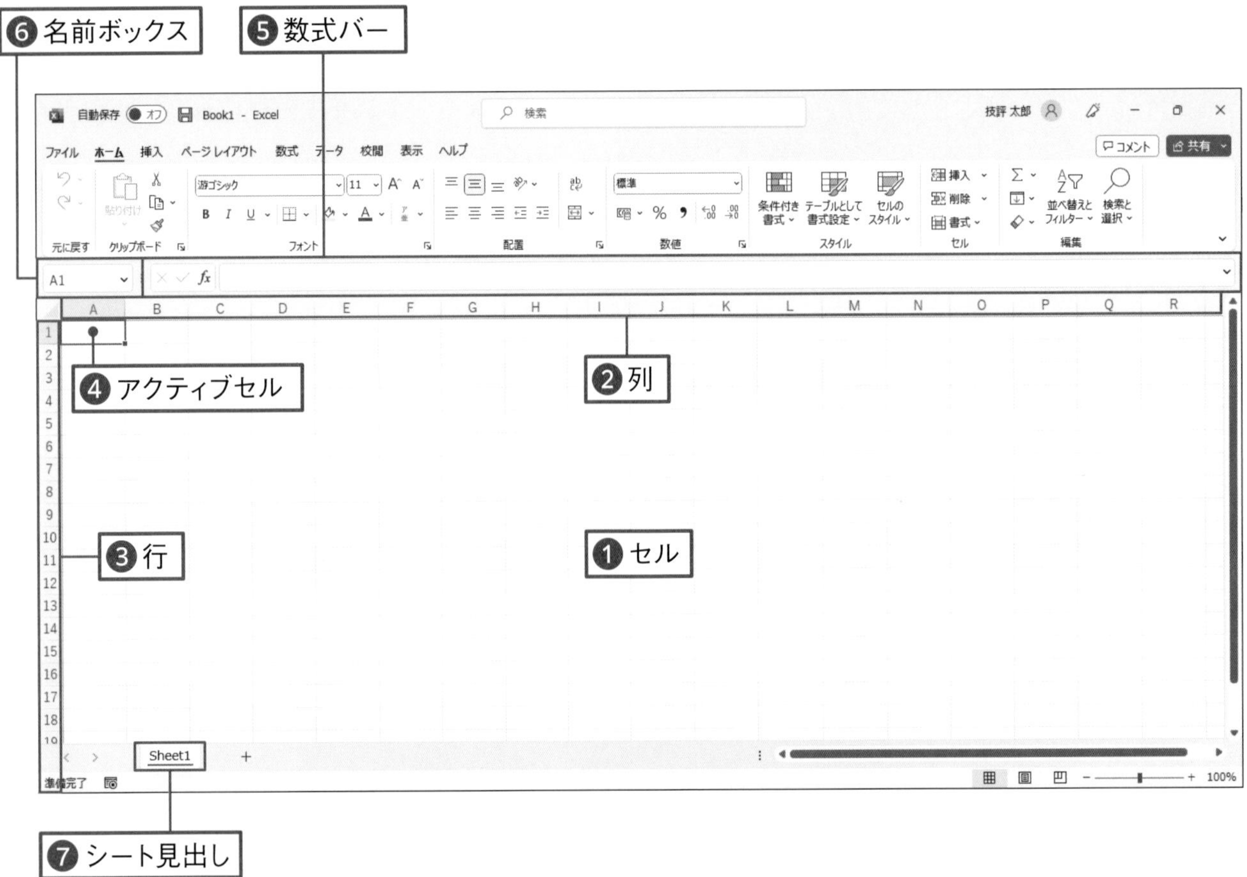

❶ セル

グレーの線で区切られたひとつひとつのマス目です。セルに、表の項目や数値、日付などのデータを入力したりして表を作成します。

❷ 列

セルの縦の並びです。列は、16,384列あります。A列からXFD列まで、異なる列番号が付いています。

	A	B	C	D	E
1					
2					
3					
4					
5					

❸ 行

セルの横の並びです。行は、1,048,576行あります。行番号は、1から1,048,576まで表示されています。

	A	B	C	D	E
1					
2					
3					
4					
5					

❹ アクティブセル

現在作業の対象になっているセルです。データを入力すると、アクティブセルに入力されます。

❺ 数式バー

アクティブセルに入力されている内容が表示されるところです。計算式の内容を確認したりするときに使用します。

❻ 名前ボックス

アクティブセルのセル番地が表示されるところです。たとえば、A1セルがアクティブセルになっている場合は、「A1」と表示されます。

❼ シート見出し

シートの名前が表示されるところです。ワークシートはあとから追加したり削除したりできます。シート名の横の ⊞（[新しいシート]）を左クリックすると、新しいシートが表示されます。

Sheet1

Check!

セル番地について

セル番地とは、セルの位置を示すものです。セルの列番号と行番号を組み合わせて、セルの位置を示します。たとえば、C列の3行目のセルはC3セル、E列の5行目のセルはE5セルのように表します。

練習ファイル なし 完成ファイル なし

ブックを保存しよう

ブックをあとでまた使えるようにするには、 ブックを保存します。 ブックを保存するときは、 保存場所とファイル名を指定します。 ここでは、 自分のパソコンの「ドキュメント」フォルダーに保存します。

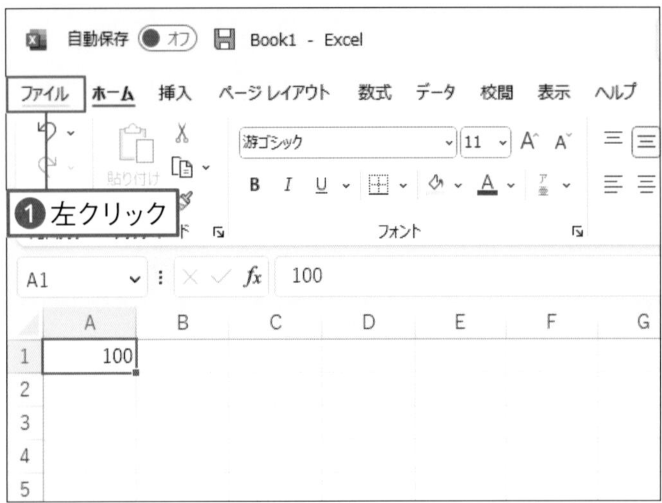

01 保存の準備をする

[ファイル] タブを左クリックします❶。Backstage ビューが表示されます。

Memo

「ファイル」タブを左クリックすると、 ファイルの基本操作などを行う、 Backstageビューという画面が表示されます。Backstageビューに表示される内容は、エクセルのバージョンによって若干異なります。

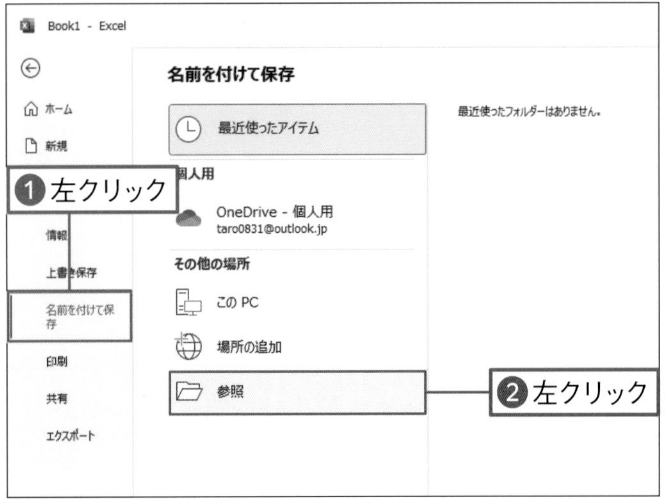

02 保存の画面を開く

[名前を付けて保存] を左クリックします❶。 [参照] を左クリックします❷。

Memo

ここでは、「ドキュメント」フォルダーに「保存の練習」という名前でブックを保存します。

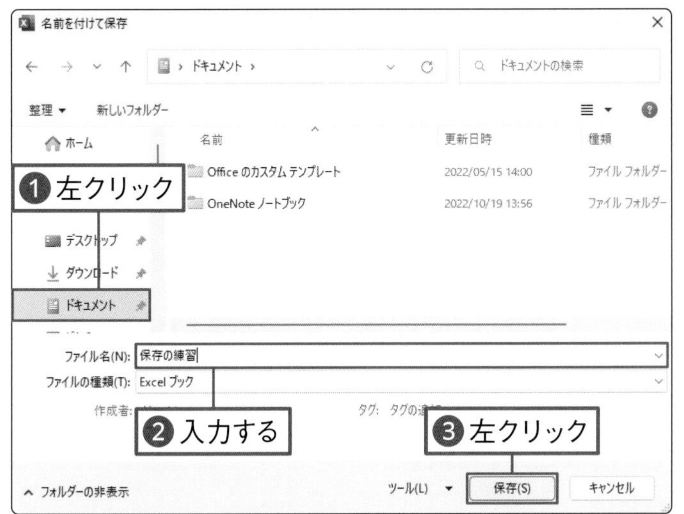

03 名前を付けて保存する

[ドキュメント] を左クリックします❶。［ファイル名］の欄にファイルの名前を入力します❷。[保存(S)] を左クリックします❸。

Memo

［名前を付けて保存］の画面にフォルダー一覧が表示されていない場合は、画面の左下の [フォルダーの参照(B)] を左クリックします。

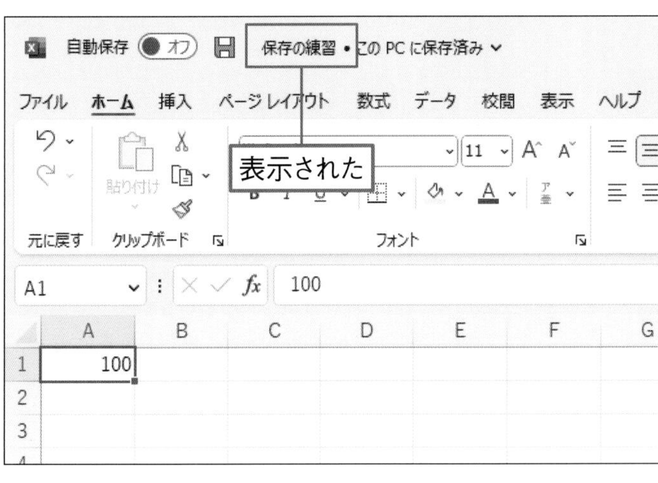

04 ブックが保存された

ブックが保存されました。タイトルバーにファイル名が表示されます。97ページの方法で、エクセルを終了します。

Memo

ブックは、ファイルという単位で保存されます。

Check!

ファイルを上書き保存する

一度保存したブックを修正したあと、更新して保存するには、画面左上の 🖫（［上書き保存］ボタン）を左クリックします❶。すると、ブックが上書き保存されます。

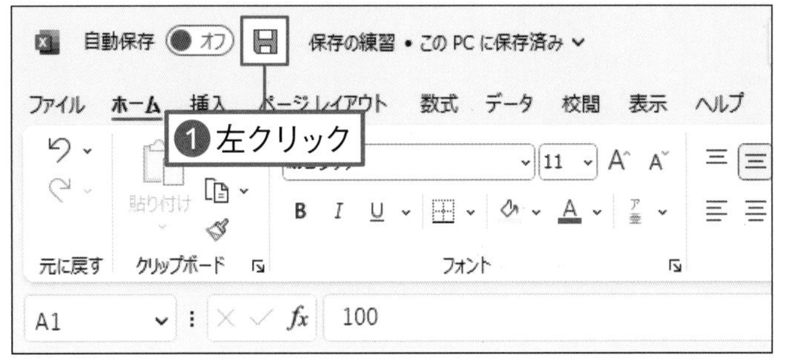

第6章 エクセルの基本操作を身に付けよう

練習ファイル なし　完成ファイル なし

6-5

保存したブックを開こう

保存したブックを呼び出して表示することを、「ブックを開く」といいます。ブックを開くときは、保存先とファイル名を選択して指定します。102ページで保存したブックを開いてみましょう。

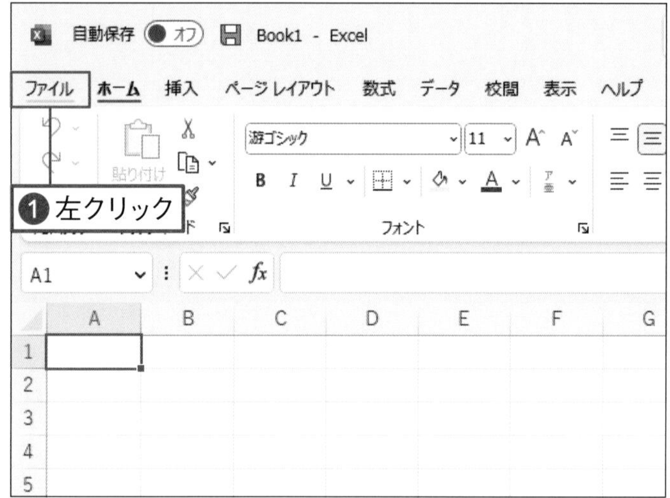

01 ファイルを開く準備をする

96ページの方法で、エクセルを起動しておきます。[ファイル] タブを左クリックします❶。

Memo

デスクトップやエクスプローラーに表示される、保存したブックのアイコンをダブルクリックしても、ファイルを開くことができます。

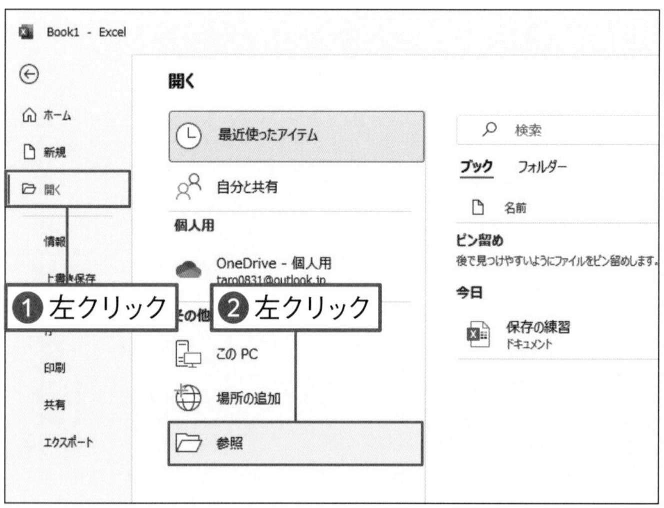

02 ファイルを開く画面を表示する

[開く] を左クリックします❶。[参照] を左クリックします❷。

Memo

エクセルを起動した直後に表示される画面の左側の [開く] を左クリックしても、ファイルを開くことができます。

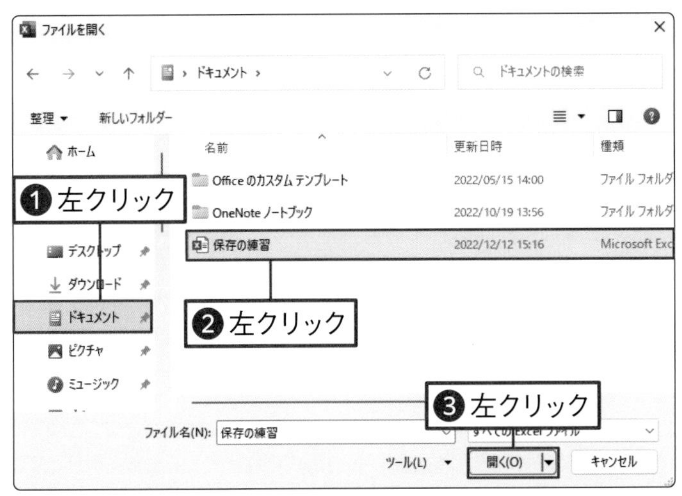

03 ファイルを開く

[ドキュメント]を左クリックします❶。開くファイルを左クリックします❷。[開く(O)]を左クリックします❸。

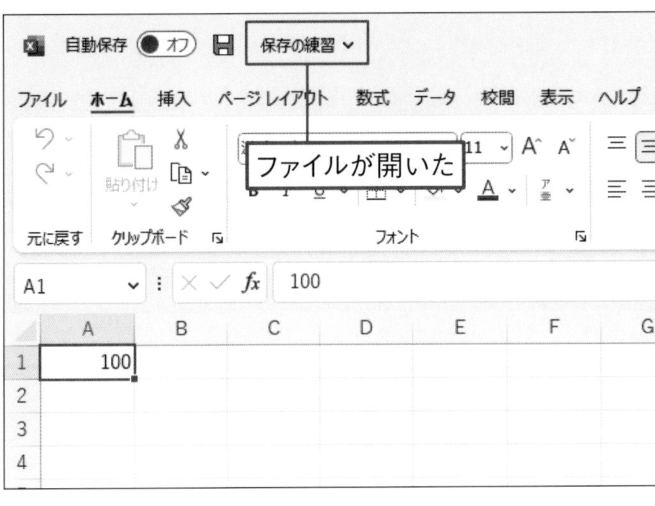

04 ブックが開いた

ブックが開きました。タイトルバーにファイル名が表示されます。

Check!

一覧からファイルを開く

手順 02 の画面で[最近使ったアイテム]を左クリックすると❶、最近使用したファイルの一覧が表示されます。開きたいファイルが表示されている場合、ファイル名を左クリックすると❷、ファイルが開きます。

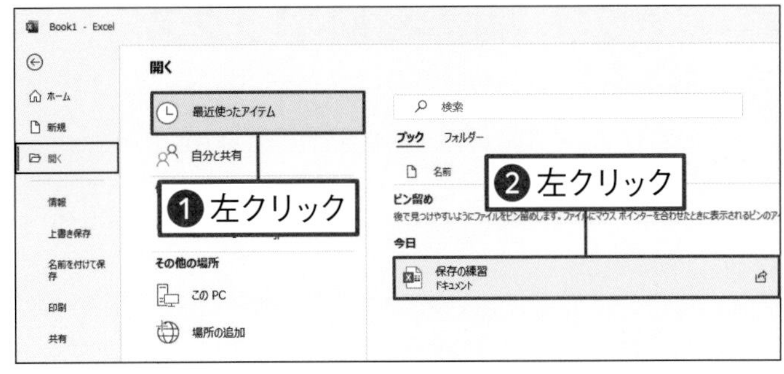

第6章 エクセルの基本操作を身に付けよう

第6章 練習問題

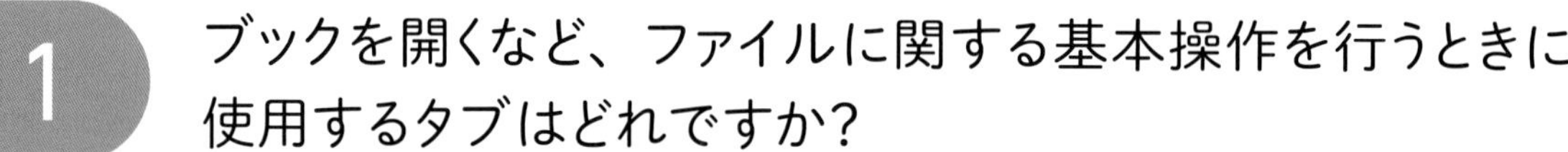

1

ブックを開くなど、ファイルに関する基本操作を行うときに使用するタブはどれですか?

1 ファイル　　2 ホーム　　3 挿入

2

ブックを閉じるときに左クリックするボタンはどれですか?

1 　　2 　　3 ×

3

表の項目や数値などを入力するマス目のことを何と言いますか?

1 名前ボックス　　2 セル　　3 数式バー

Chapter 7

データを入力・編集しよう

この章では、エクセルで計算表を作るため、表の項目名やデータを入力する基本操作を紹介します。セルのデータを移動したりコピーしたりして、効率よく項目やデータを入力します。また、行や列をあとから追加したり削除したりするなど、行や列の扱い方も覚えます。

この章で学ぶこと

データを入力・編集しよう

この章では、ワークシートにデータを入力する方法を紹介します。
また、セルを移動したりコピーしたりして表の内容を効率よく修正します。
行や列をあとから追加・削除する方法、データの検索・置換方法も紹介します。

データを入力する

セルに表の項目や数値などのデータを入力します。また、入力したデータを修正したり、セルのデータを移動したりする方法を知りましょう。

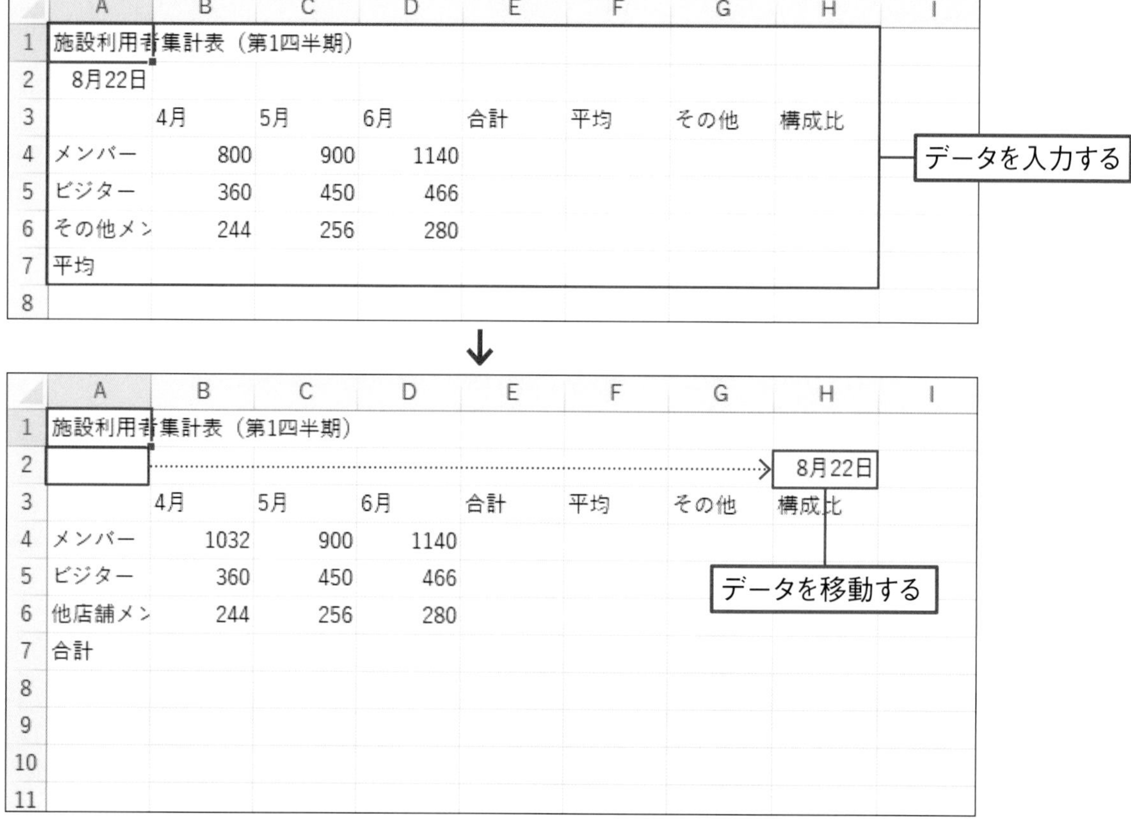

行や列を追加する

行や列は、 あとから追加したり削除したりできます。 行や列を選択して操作します。

	A	B	C	D	E	F	G	H	I
1	施設利用者集計表（第1四半期）								
2								8月22日	
3		4月	5月	6月	合計	平均	その他	構成比	
4	メンバー	1032	900	1140					
5	ビジター	360	450	466					
6	他店舗メン	244	256	280					

	A	B	C	D	E	F	G	H	I
1	施設利用者集計表（第1四半期）								
2							8月22日		
3									
4		4月	5月	6月	合計	平均	構成比		
5	メンバー	1032							
6	ビジター	360	450	466					

データの検索や置換をする

入力したデータを検索したり、 検索した文字を別の文字に置き換えたりする方法紹介します。［検索と置換］画面を表示して、 内容を指定します。

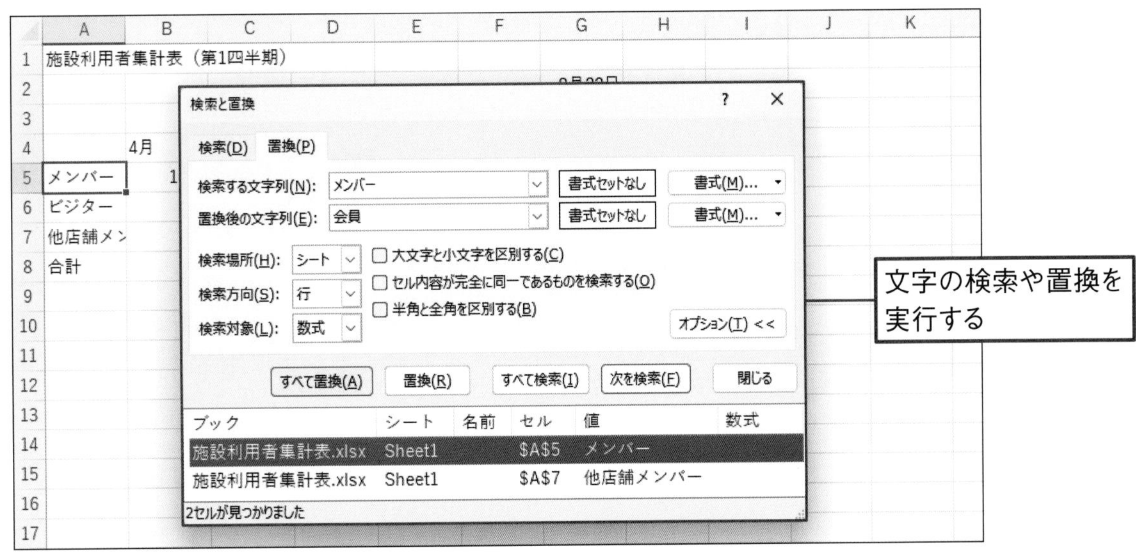

7-1

練習ファイル なし 完成ファイル なし

セルを選択しよう

セルを扱うときは、対象のセルを選択します。単独のセルを選択する以外にも、セル範囲を選択したり、複数のセルを選択したりできます。マウスポインターの形に注意して操作します。

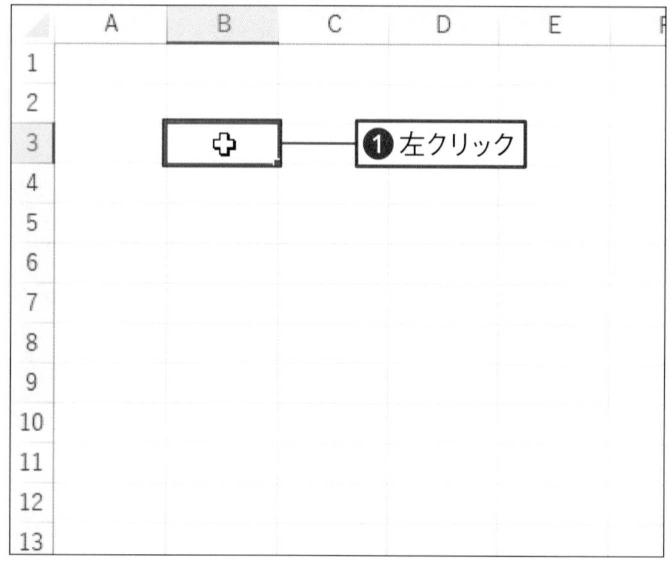

01 セルを選択する

96ページの方法でエクセルを起動し、新しいブックを準備します。選択するセル（B3セル）にマウスポインターを移動して左クリックします❶。すると、左クリックしたB3セルがアクティブセルになり、セルの周囲が太枠で囲まれます。

Memo

「アクティブセル」については、101ページを参考にしてください。

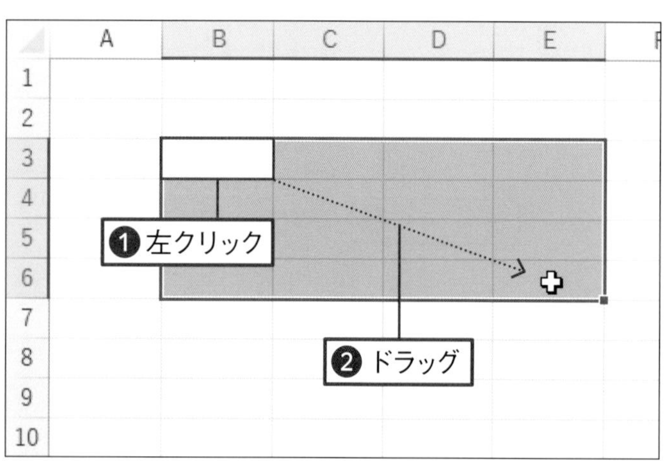

02 セル範囲を選択する

複数のセルを選択するには、選択するセル範囲の左上のセル（B3セル）を左クリックし❶、そのまま右下のセル（E6セル）に向かってドラッグします❷。

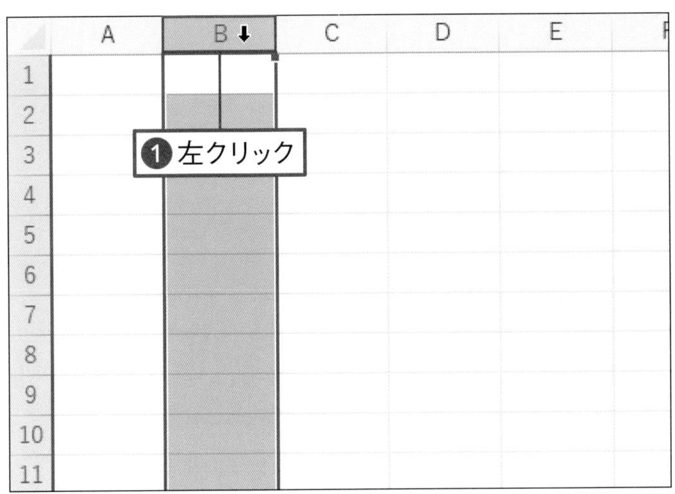

03 列を選択する

列ごと選択するには、列番号（ここでは「B」）にマウスポインターを移動し、マウスポインターの形が ⬇ に変わったら、左クリックします❶。

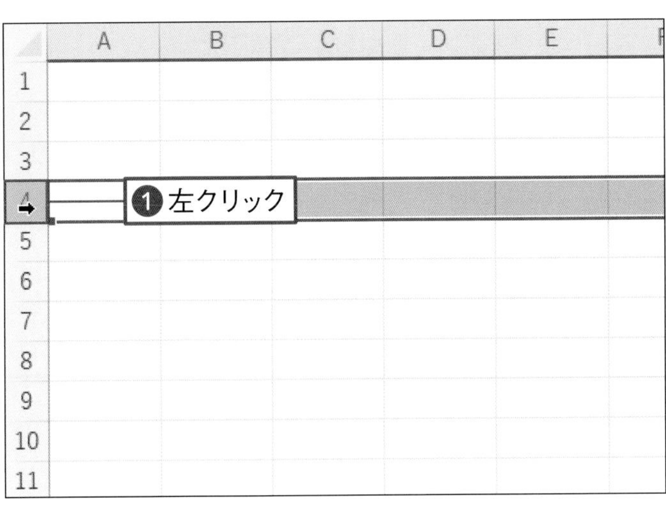

04 行を選択する

行ごと選択するには、行番号（ここでは「4」）にマウスポインターを移動し、マウスポインターの形が ➡ に変わったら、左クリックします❶。

Check!

複数の列や行を選択する

複数の列を選択するには、列番号を横方向にドラッグします❶。複数行を選択するには、行番号を縦方向にドラッグします。ここでは、B～D列を選択しています。

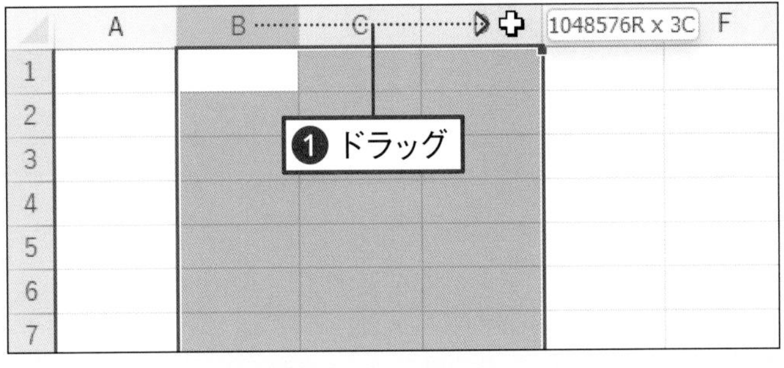

第7章 データを入力・編集しよう

練習ファイル なし 完成ファイル 07-02b

データを入力しよう

ここでは、月別の施設利用者集計表を作成します。表のタイトルや項目名、日付、人数などを入力します。日本語入力モードを必要に応じて切り替えます。

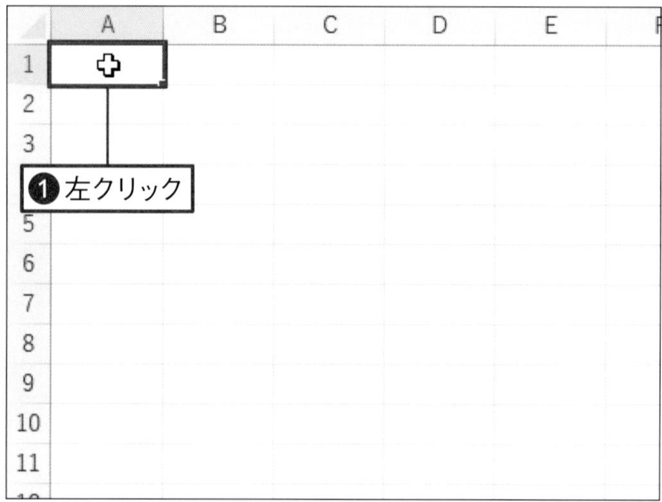

01 セルを選択する

データを入力するセル（A1 セル）を左クリックして❶、アクティブセルにします。

Memo

この状態で Enter キーを押すとアクティブセルが1つ下に移動します。

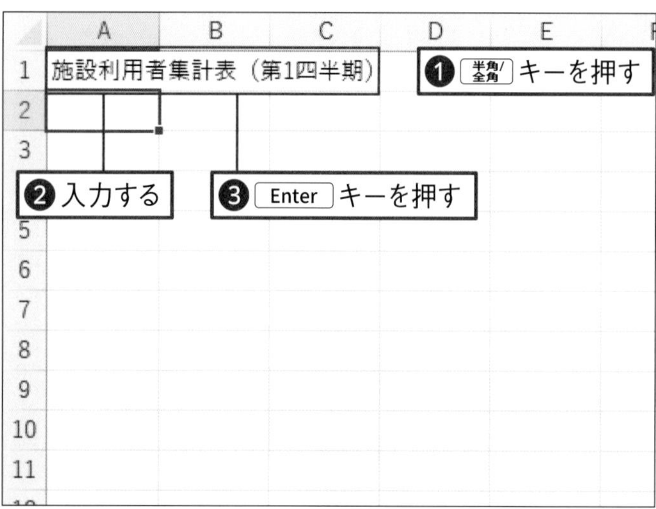

02 タイトルを入力する

キーボードの 半角/全角 キーを押して❶、日本語入力モードをオンに切り替えます。続いて、表のタイトルを左のように入力し❷、Enter キーを押します❸。

Memo

日本語入力モードは、26ページの方法で確認します。

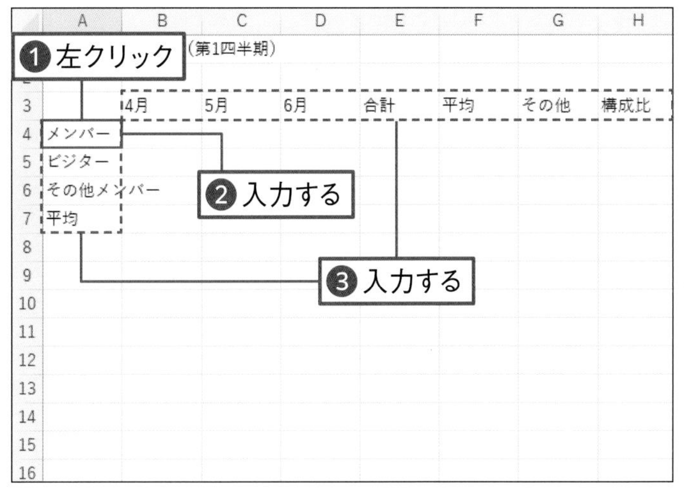

03 表の項目名を入力する

データを入力するセル（A4セル）を左クリックして❶、アクティブセルを移動します。「メンバー」と入力します❷。同様の方法で、文字を入力するセルを左クリックして左のように表の項目名を入力します❸。

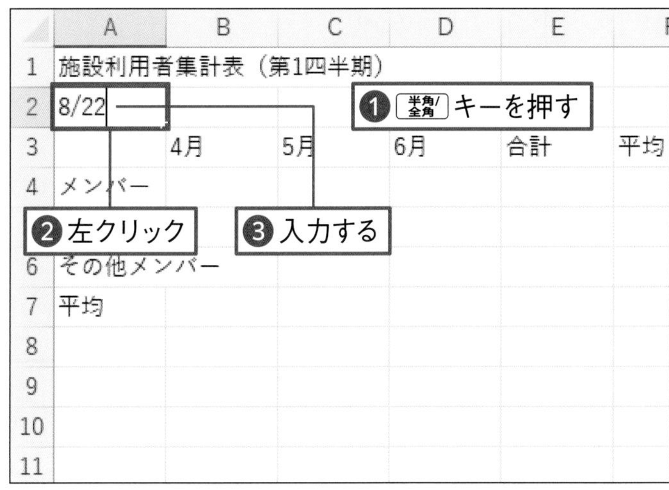

04 日付を入力する

キーボードの 半角/全角 キーを押して❶、日本語入力モードをオフに切り替えます。A2セルを左クリックします❷。「8/22」のように、日付を「/（スラッシュ）」で区切って入力します❸。

Memo

日付は「/（スラッシュ）」で区切って入力します。年を省略して「8/22」のように月日を入力すると、今年の8/22の日付が入力され、「8月22日」と表示されます。

	A	B	C	D	E
1	施設利用者集計表（第1四半期）				
2	8月22				
3		4月	5月	6月	合計
4	メンバー	800	900	1140	
5	ビジター	360	450	466	
6	その他メ	244	256	280	
7	平均				

❶左クリック　❷入力する　❸入力する

05 数字を入力する

B4セルを左クリックします❶。「800」と入力します❷。同様の方法で、左のように各セルに数字を入力します❸。

Memo

B4～B6セルに数字を入力すると、A列に入力した長い文字は、途中で切れたように見えます。137ページで列幅を調整すると、文字が見えるようになります。

7-3

練習ファイル 07-03a　完成ファイル 07-03b

データを修正しよう

セルに入力したデータを修正する方法を知りましょう。 文字や数字をまるごと上書きして変更します。また、 数式バーを使用して、 すでに入力されている文字や数字の一部を修正する方法を紹介します。

セルのデータをまるごと修正する

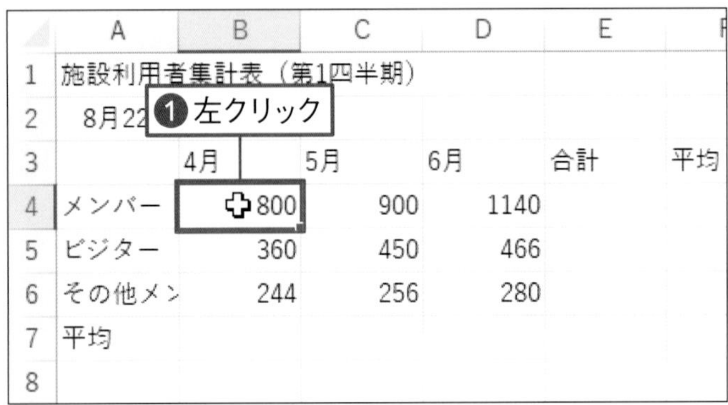

	A	B	C	D	E	F
1	施設利用者集計表（第1四半期）					
2	8月22					
3		4月	5月	6月	合計	平均
4	メンバー	800	900	1140		
5	ビジター	360	450	466		
6	その他メン	244	256	280		
7	平均					
8						

01 セルを選択する

データを修正するセル（B4セル）を左クリックします❶。

	A	B	C	D	E	F
1	施設利用者集計表（第1四半期）					
2	8月22					
3		4月	5月	6月	合計	平均
4	メンバー	1032	900	1140		
5	ビジター	360	450	466		
6	その他メン	244	256	280		
7	平均					
8						
9						
10						
11						
12						

02 データを入力し直す

B4セルが選択されている状態でデータ（「1032」）を入力します❶。 Enter キーを押します❷。 すると、 前に入力されていたデータが消え、 新しく入力した内容に変更されます。

Memo

数値に下線が付いているときは、 Enter キーを２回押して数値を入力します。

セルのデータを部分的に修正する

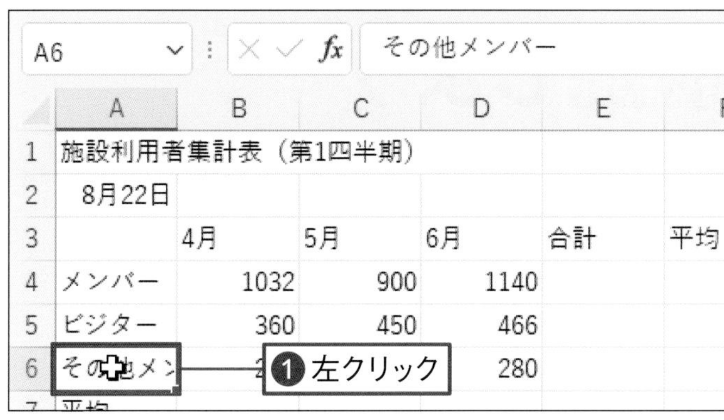

01 セルを選択する

データを修正するセル（A6セル）を左クリックします❶。

A6 その他メンバー

	A	B	C	D	E
1	施設利用者集計表（第1四半期）				
2	8月22日				
3		4月	5月	6月	合計
4	メンバー	1032			
5	ビジター	360	450	466	
6	その他メ	244	256	280	
7	平均				
8					
9					

❶左クリック

文字カーソルが表示された

02 数式バーを左クリックする

セルに入力した文字列の一部を修正するには、数式バーを使います。数式バーの修正したい箇所を左クリックします❶。数式バーに文字カーソルが表示されます。

Memo

文字カーソルは、→←キーでも移動できます。

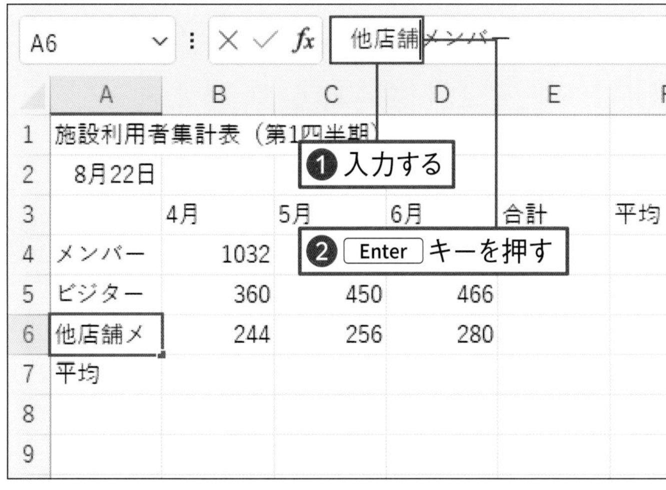

03 データを修正する

ここでは、「その他」を「他店舗」に修正します。「その他」を消して「他店舗」と入力します❶。データの修正後、Enter キーを押します❷。すると、データが修正されます。

7-4

練習ファイル 07-04a 完成ファイル 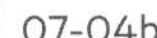 07-04b

データを削除しよう

不要なデータを削除する方法を紹介します。セルのデータを消す方法、複数のセル範囲のデータをまとめて消す方法を知りましょう。セルの書式だけを消す方法は、135ページで紹介しています。

セルのデータを削除する

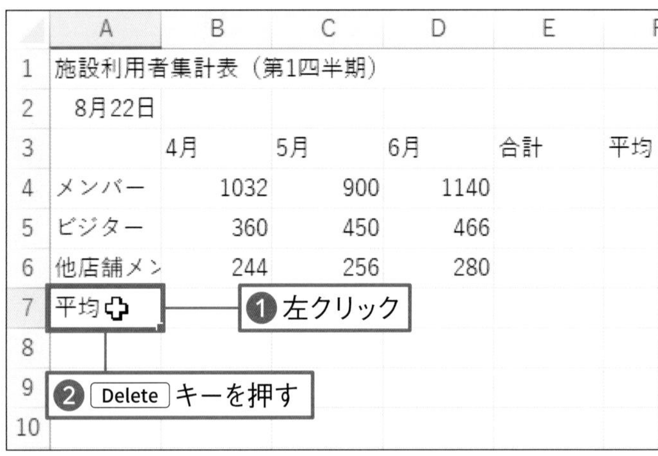

	A	B	C	D	E	F
1	施設利用者集計表（第1四半期）					
2	8月22日					
3		4月	5月	6月	合計	平均
4	メンバー	1032	900	1140		
5	ビジター	360	450	466		
6	他店舗メン	244	256	280		
7	平均					
8						
9						
10						

01 セルを選択する

データを削除するセル（A7セル）を左クリックします❶。Delete キーを押します❷。

	A	B	C	D	E	F
1	施設利用者集計表（第1四半期）					
2	8月22日					
3		4月	5月	6月	合計	平均
4	メンバー	1032	900	1140		
5	ビジター	360	450	466		
6	他店舗メン	244	256	280		
7						
8						
9						
10						

データが削除された

02 データを削除する

選択していたセルのデータが削除されます。

Memo

Back space キーを押してもデータを削除できます。Back space キーで削除するとセルに文字を入力できる状態になります。

複数のセルのデータを削除する

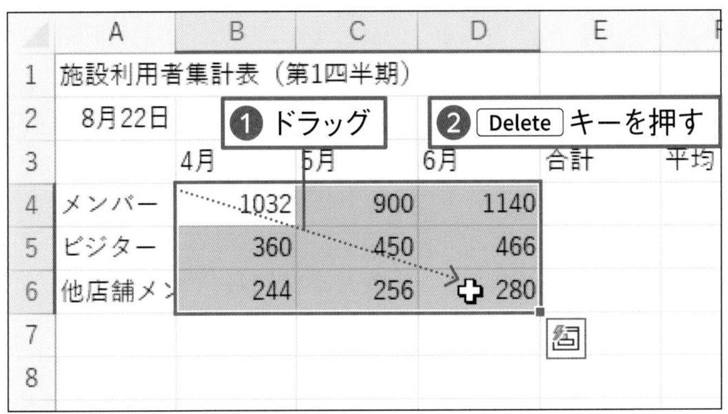

01 削除したいセル範囲を選択する

複数セルのデータをまとめて削除します。データを削除するセル範囲（B4～D6セル）をドラッグして選択します❶。 Delete キーを押します❷。

	A	B	C	D	E	F
1	施設利用者集計表（第1四半期）					
2	8月22日					
3		4月	5月	6月	合計	平均
4	メンバー					
5	ビジター					
6	他店舗メンバー					
7						
8						
9						
10						
11						

データが削除された

02 データを削除する

選択した複数のセルのデータがまとめて削除されます。

Memo

ここでは、B4～D6セルのデータを削除しましたが、ここで削除したデータは、以降の操作で必要です。以下のCheck!の方法で操作を元に戻しておきましょう。

Check!

操作を元に戻す

間違ってデータを消してしまった場合などは、あわてずに［ホーム］タブ（または、［クイックアクセスツールバー］）の ↶（［元に戻す］ボタン）を左クリックします❶。すると、操作を行う前の状態に戻せます。↶（［元に戻す］ボタン）を左クリックするたびに、さらに前の状態に戻ります。操作を元に戻し過ぎてしまった場合は、↷（［やり直し］ボタン）を左クリックすると、元に戻す前の状態に戻せます。

7-5

07-05a　完成ファイル 07-05b

データを移動しよう

入力済みのデータは、別のセルに移動できます。ここでは、A2セルの「8/22」の日付のデータをH2セルに移動してみましょう。選択したセルのデータを切り取って、別のセルに貼り付けます。

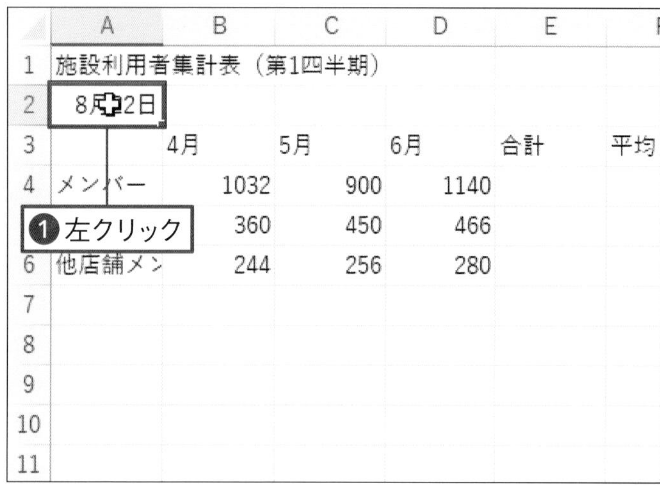

01 セルを選択する

移動するデータが入力されているセル（A2セル）を左クリックします❶。

Memo

ショートカットキーで切り取り操作をするには、セルを選択して Ctrl キーを押しながら X キーを押します。

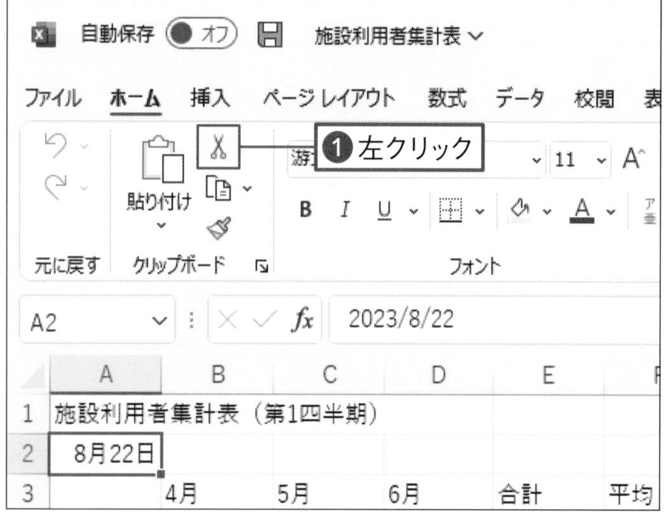

02 データを切り取る

［ホーム］タブの（［切り取り］ボタン）を左クリックします❶。

Memo

（［貼り付け］ボタン）は貼り付けられるものがない場合は、グレーで表示されて利用できません。

03 データを貼り付ける

移動元のセルの周りが点線の枠で囲まれます。移動先のセル（H2セル）を左クリックします❶。［ホーム］タブの［貼り付け］（［貼り付け］ボタン）を左クリックします❷。

Memo

ショートカットキーで貼り付け操作をするには、セルを選択して Ctrl キーを押しながら V キーを押します。

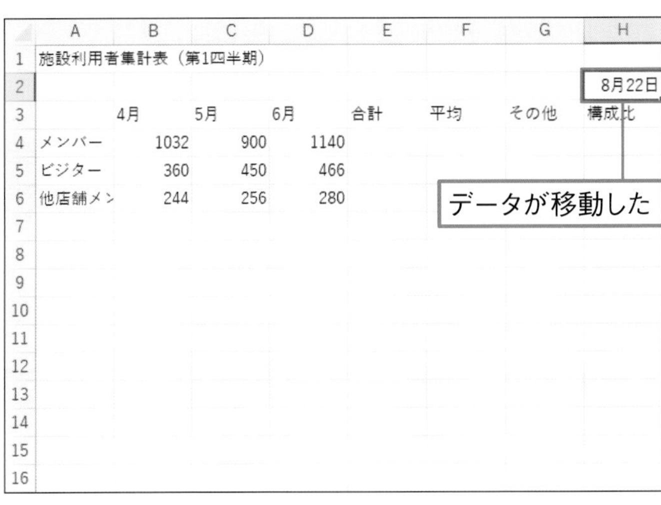

04 データが貼り付いた

切り取ったデータが、移動先のセル貼り付けられます。

Check!

セルに「###」が表示されたら

数値や日付を別のセルに移動したとき、「#」の記号が表示される場合があります。これは、列幅が狭すぎて数値や日付を表示できないことを示しています。137ページの方法で列幅を調整すると、日付や数値が再び表示されます。

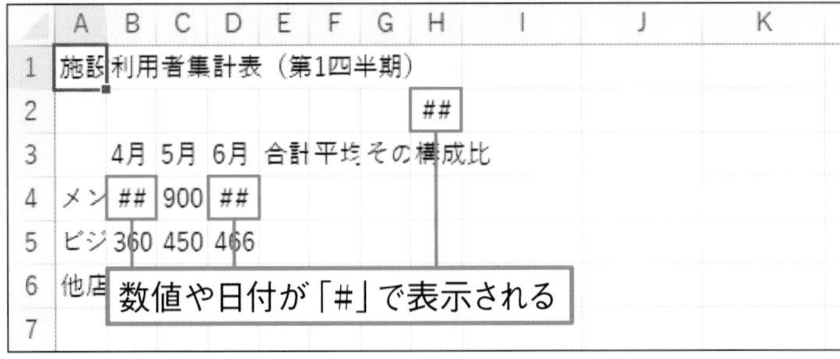

練習ファイル 07-06a 完成ファイル 07-06b

データをコピーしよう

入力済みのデータと同じ内容を別のセルに入力するには、データをコピーするとよいでしょう。
ここでは、E3セルに入力した「合計」の文字をコピーして、A7セルに貼り付けます。

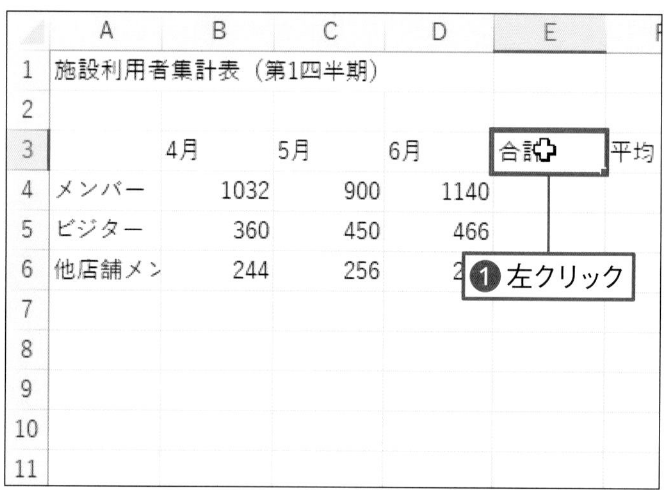

01 セルを選択する

コピーするデータが入力されているセル（E3セル）を左クリックします❶。

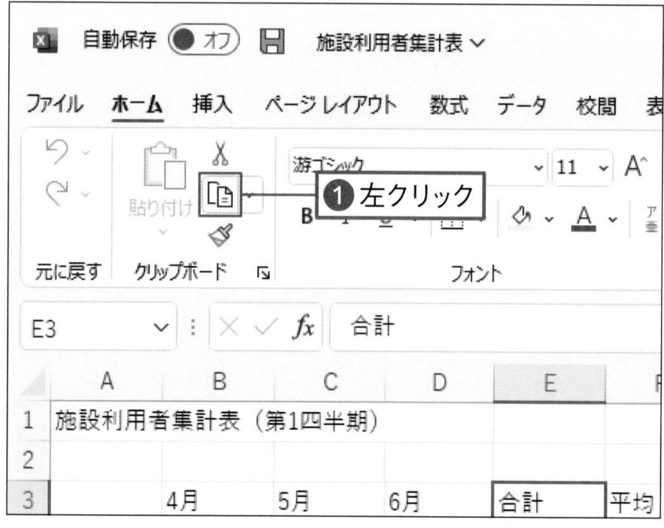

02 データをコピーする

［ホーム］タブの（［コピー］ボタン）を左クリックします❶。

Memo

ショートカットキーでコピー操作をするには、セルを選択して Ctrl キーを押しながら C キーを押します。

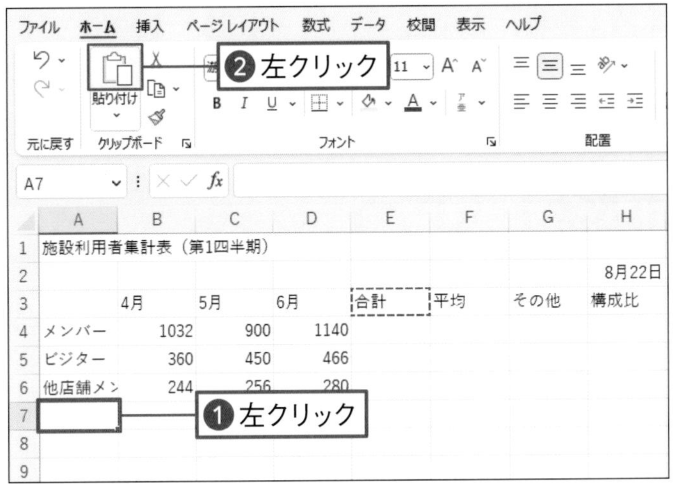

03 データを貼り付ける

コピー元のセルの周りが点線の枠で囲まれます。コピー先のセル(A7セル)を左クリックします❶。[ホーム]タブの📋([貼り付け]ボタン)を左クリックします❷。

Memo

ショートカットキーで貼り付け操作をするには、セルを選択して Ctrl キーを押しながら V キーを押します。

	A	B	C	D	E	F
1	施設利用者集計表(第1四半期)					
2						
3		4月	5月	6月	合計	平均
4	メンバー	1032	900	1140		
5	ビジター	360	450	466		
6	他店舗メン	244	256	280		
7	合計					
8		(Ctrl)				
9						
10						
11						

データがコピーされた

04 データが貼り付いた

コピーしたデータが貼り付けられます。

Check!

[貼り付け] ボタンについて

📋([貼り付け]ボタン)の上の📋部分を左クリックすると、コピーしたデータや切り取ったデータが既定の形式で貼り付きます。下の⌄部分を左クリックすると❶、貼り付け方法を選ぶメニューが表示されます。

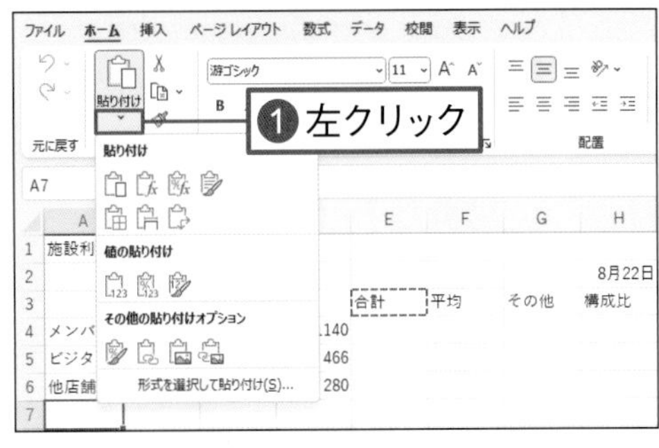

練習ファイル 07-07a 完成ファイル 07-07b

行や列を挿入／削除しよう

行や列は、あとから追加したり削除したりできます。ここでは、3行目に行を追加し、G列の「その他」の項目が入力されている列を削除します。列や行を選択してから操作を指示します。

行を追加する

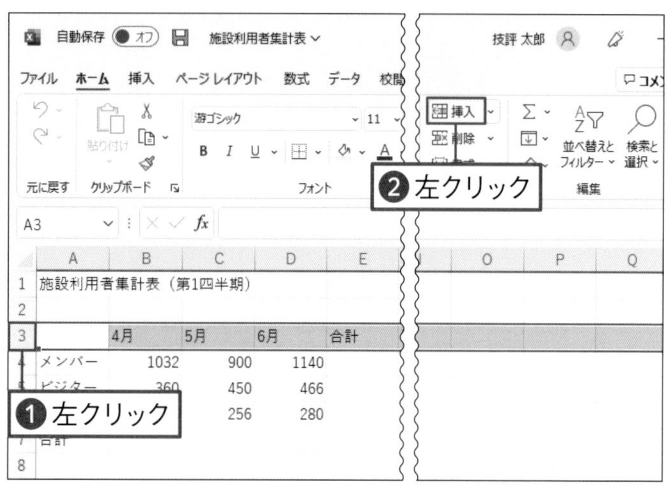

01 行を選択する

行を挿入するには、挿入したい位置の行番号（「3」）を左クリックします❶。［ホーム］タブの 挿入 （［セルの挿入］ボタン）を左クリックします❷。

Memo

列を追加する場合は、追加する列の列番号を左クリックし、［ホーム］タブの 挿入 （［セルの挿入］ボタン）を左クリックします。

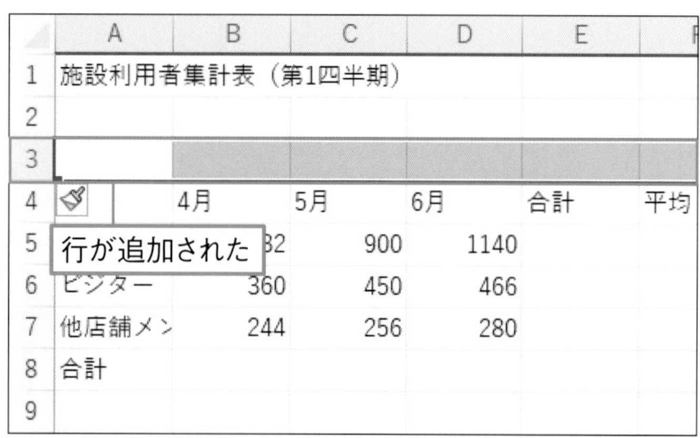

02 行が挿入できた

選択していた箇所に行が追加されました。選択していた行以降は、下にずれます。

列を削除する

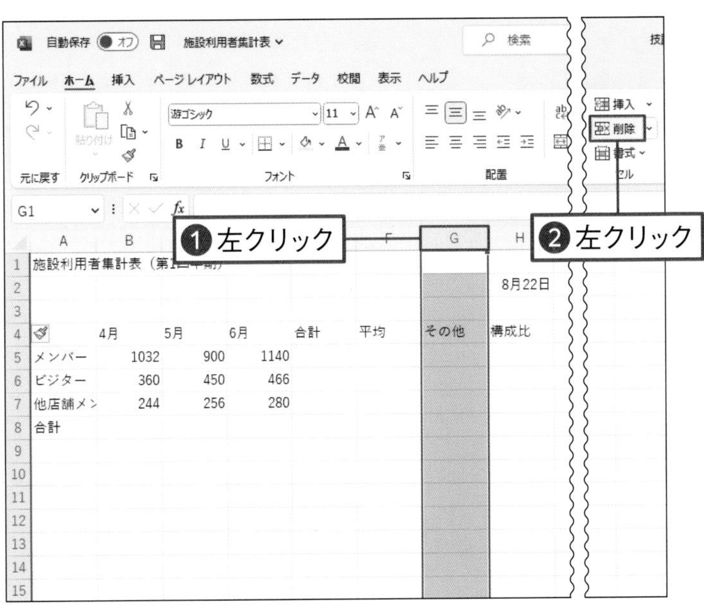

01 列を選択する

列を削除するには、削除したい列の列番号（「G」）を左クリックします❶。［ホーム］タブの［削除］（［セルの削除］ボタン）を左クリックします❷。

Memo

行を削除する場合は、削除する行の行番号を左クリックし、［ホーム］タブの［削除］（［セルの削除］ボタン）を左クリックします。

	A	B	C	D	E	F	G	H
1	施設利用者集計表（第1四半期）							
2							8月22日	
3								
4		4月	5月	6月	合計	平均	構成比	
5	メンバー	1032	900	1140				
6	ビジター	360	450	466				
7	他店舗メン	244						
8	合計							

列が削除された

02 列が削除された

列が削除されました。削除した列の右にあった列が左にずれます。

Check!

複数行や複数列を追加／削除する

複数行や複数列をまとめて追加／削除するには、最初に対象の行や列を111ページの方法で選択してから操作します。たとえば、3行目から5行目まで3行分をまとめて追加するには、3行目から5行目まで3行分選択し、［ホーム］タブの［挿入］（［セルの挿入］ボタン）を左クリックします。

検索・置換しよう

指定したキーワードを検索するには、検索機能を使います。また、指定したキーワードを別の文字に置き換えるには、置換機能を使います。ここでは、「メンバー」の文字を「会員」に置き換えます。

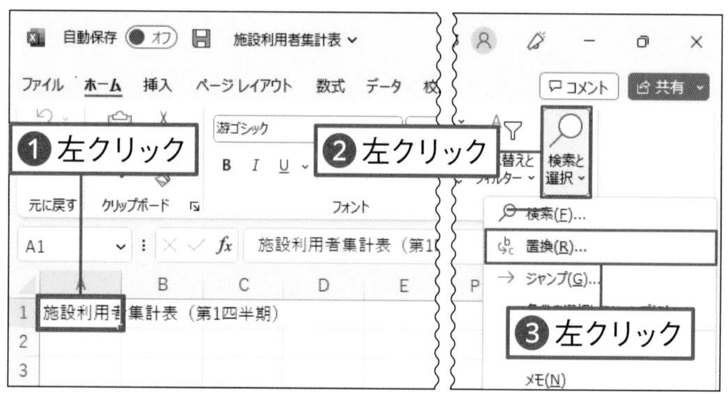

01 「検索と置換」画面を表示する

A1セルを左クリックして選択します❶。[ホーム]タブの（[検索と選択]ボタン）を左クリックし❷、置換(R)... を左クリックします❸。

02 検索や置換の文字を指定する

「検索する文字列」に「メンバー」、「置換後の文字列」に「会員」と入力します❶。すべて検索(I) を左クリックします❷。

Memo

検索結果をひとつずつ確認しながら文字を置き換えるには、次を検索(F) を左クリックします。検索結果を含むセルが見つかると、そのセルがアクティブセルになります。文字を置き換えるには、置換(R) を左クリックします。文字を置き換えずに次の検索結果を確認するには、次を検索(F) を左クリックします。次を検索(F) や 置換(R) を左クリックしながらすべての検索結果を確認します。

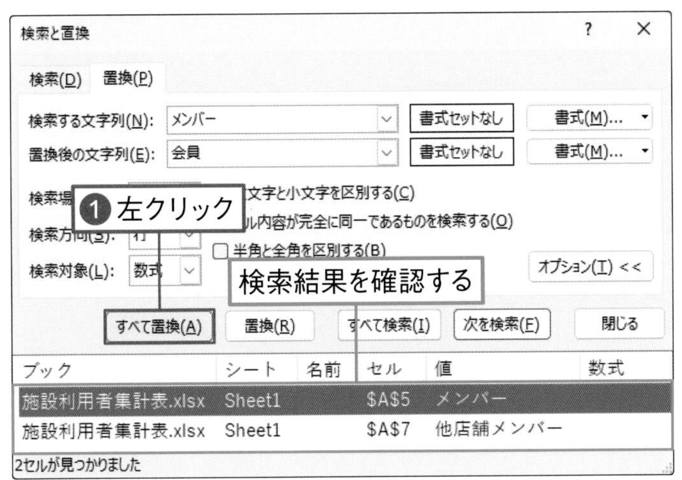

03 文字を置き換える

検索結果が表示されます。ここでは、A5セルとA7セルが検索されます。すべて置換(A)を左クリックします❶。

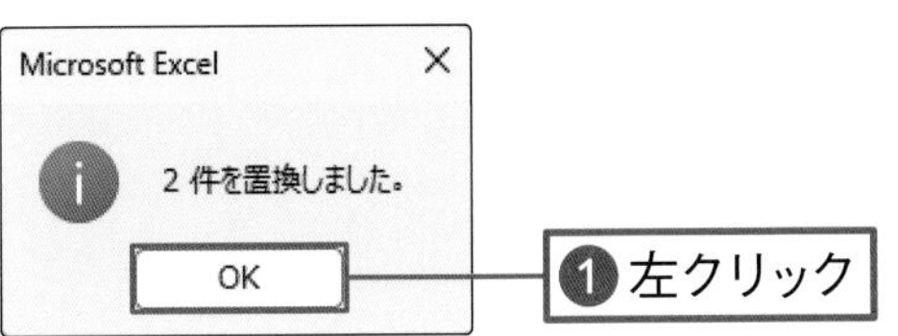

04 置き換えられた

「メンバー」の文字が「会員」に置き換わり、結果が表示されます。OKを左クリックします❶。

検索と置換

検索(D) 置換(P)

検索する文字列(N): メンバー
置換後の文字列(E): 会員
検索場所(H): シート
検索方向(S): 行
検索対象(L): 数式
大文字と小文字を区別する(C)
セル内容が完全に同一であるものを検索する(O)
半角と全角を区別する(B)
❶左クリック
すべて置換(A) 置換(R) すべて検索(I) 次を検索(F) 閉じる

ブック	シート	名前	セル	値	数式
施設利用者集計表.xlsx	Sheet1		A5	会員	
施設利用者集計表.xlsx	Sheet1		A7	他店舗会員	

2セルが見つかりました

05 画面を閉じる

「メンバー」が「会員」に置き換わりました。閉じるを左クリックします❶。「検索と置換」画面が閉じます。

Memo

検索や置換の結果は、直接ワークシートでも確認できます。

第7章 練習問題

1

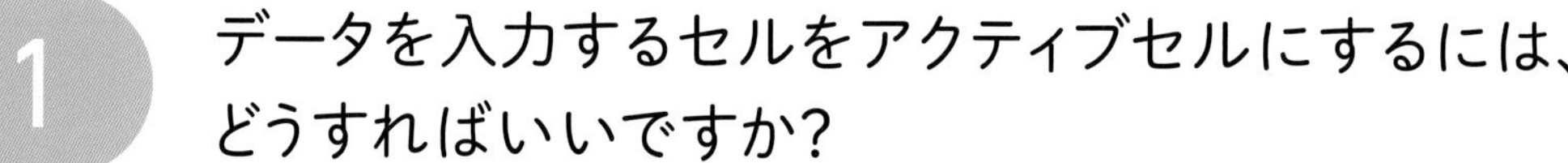

データを入力するセルをアクティブセルにするには、どうすればいいですか？

1 セルを左クリックする

2 数式バーを左クリックする

3 行番号を左クリックする

2

数値や日付を入力するため、日本語入力モードをオフにするときに押すキーはどれですか？

1 Delete キー　2 半角/全角 キー　3 スペース キー

3

選択しているセルのデータを切り取るときに左クリックするボタンはどれですか？

1 

2 

3 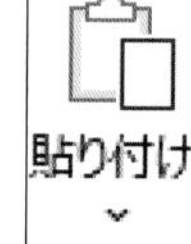

Chapter 8

表の見た目を整えよう

この章では、表の見た目を整える書式設定について紹介します。セルに対して設定するさまざまな書式の種類を知りましょう。タイトルを強調したり、数値の大きさがわかりやすいように桁区切りのカンマを表示したりして、見やすい表になるように工夫します。

この章で学ぶこと

表の見た目を整えよう

この章では、セルの書式を設定して表の見栄えを整えます。表のタイトルを目立たせたり、配置を揃えたり、罫線を引いたりして見やすくします。
また、数値に3桁区切りのカンマを付けて読み取りやすくします。

書式とは

文字を強調したり、文字の配置を調整して表の見栄えを整えたりする設定のことを「書式」といいます。表を作成するときは、最初に文字を入力して内容を指定します。続いて、書式を設定するセルを選択し、書式を設定して表の見栄えを整えます。

セル ＋ 書式 ＝ 表示が変わる

4月	5月	6月

＋

太字
文字の色
中央揃え
罫線

↓

4月	5月	6月

書式にはさまざまなものがあります。セルに設定できる書式には、次のようなものがあります。

フォント	文字の色やフォント、フォントサイズなど
塗りつぶし	セルの塗りつぶしの色や網掛け模様など
配置	文字の配置など
表示形式	桁区切りのカンマ、通貨表示など
罫線	下罫線、外枠線など

書式を設定する

セルに書式を設定するには、対象のセルを選択し、[ホーム] タブの [フォント] や [配置] [数値] グループなどのボタンを使います。また、各グループの ◲ ([ダイアログボックス起動ツール]) を左クリックすると、セルの書式をまとめて設定できる画面が表示されます。

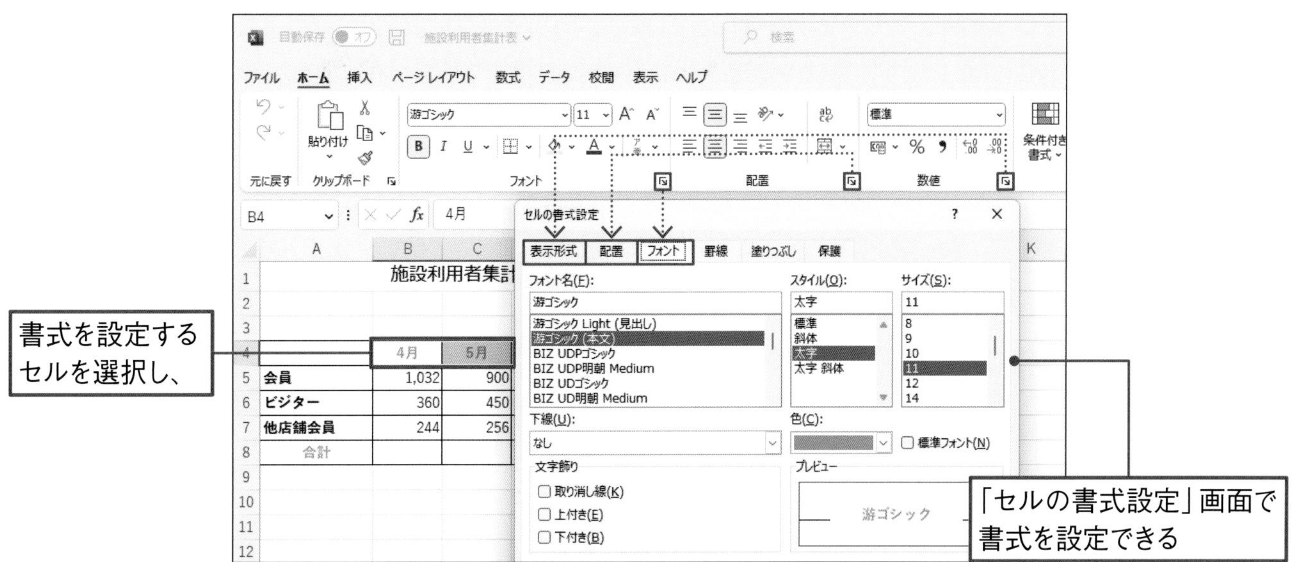

書式は数式バーに表示されない

書式を設定すると、セルには、書式が付いた結果が表示されます。たとえば、3桁区切りのカンマを付ける書式を設定すると、表の数値に区切りのカンマが表示されます。一方、数式バーには、書式は表示されずに元のデータが表示されます。

B5 | 1032

	A	B	C	D	E	F	G	H
1	施設利用者集計表（第1四半期）							
2							8月22日	
3								
4		4月	5月	6月	合計	平均	構成比	
5	会員	1,032	900	1,140				
6	ビジター	360	450	466				
7	他店舗会員	244	256	280				
8	合計							
9								

第8章 表の見た目を整えよう

8-1

練習ファイル 08-01a　完成ファイル 08-01b

文字の形と大きさを変えよう

表のタイトルが目立つように書式を設定します。 ここでは、 タイトルの文字の形や大きさを変更します。 書式を設定するセルを選択してから書式の内容を選びます。

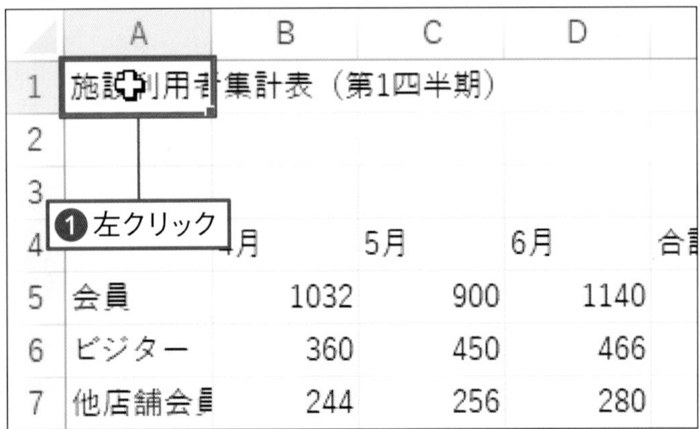

01 セルを選択する

文字の形（フォント）や文字の大きさを変更したいセル（A1 セル）を左クリックします❶。

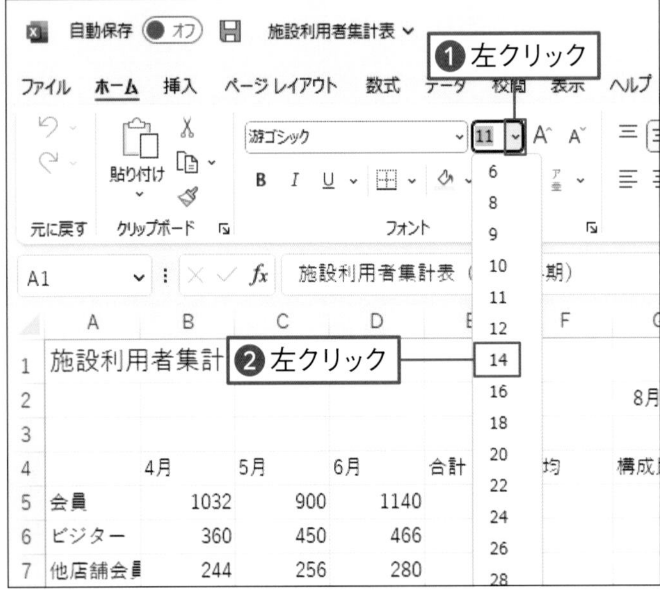

02 文字のサイズを変更する

［ホーム］タブの 11 （［フォントサイズ］ボタン）右側の ⌄ を左クリックします❶。 表示されるメニューから、 設定するフォントサイズ（ここでは［14］）を左クリックします❷。

03 文字のフォントを指定する

続いて、［ホーム］タブの 游ゴシック （［フォント］ボタン）の右側の ⌄ を左クリックします❶。表示されるメニューから、設定したい文字の形（ここでは［メイリオ］）を左クリックします❷。

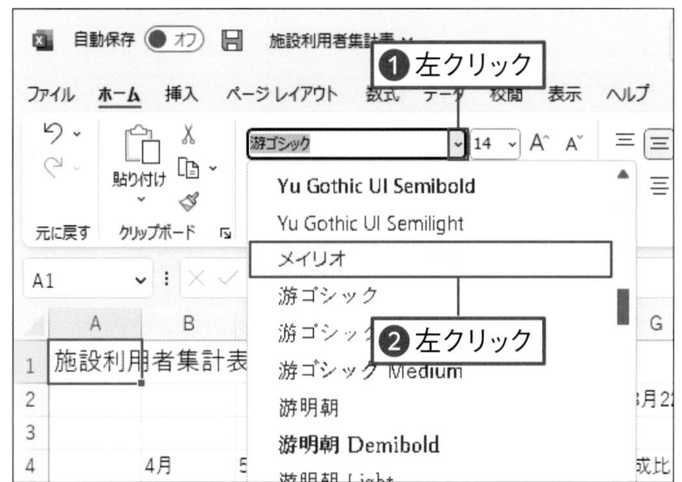

04 文字のサイズと形が変わった

A1セルの文字のサイズと形が変わりました。

	A	B	C	D
1	施設利用者集計表（第1四半期）			
2				
3				
4		4月	5月	6月
5	会員	1032	900	1140
6	ビジター	360	450	466
7	他店舗会員	244	256	280
8	合計			

文字の形と大きさが変更された

Check!

セルの書式をまとめて指定する

セルを選択し、［ホーム］タブの［フォント］の ⧅（［ダイアログボックス起動ツール］）を左クリックすると、［セルの書式設定］画面の［フォント］タブが表示されます。セルの文字に関する書式をまとめて指定できます。

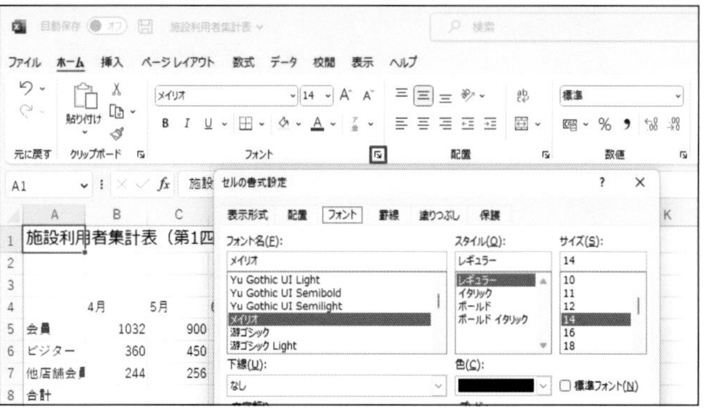

練習ファイル 08-02a　完成ファイル 08-02b

文字の色を変えよう

表の項目が目立つように文字の色を変更します。ここでは、複数のセル範囲に対して同じ書式をまとめて設定します。セルの文字の色以外に、セルの背景の色を変更することもできます。

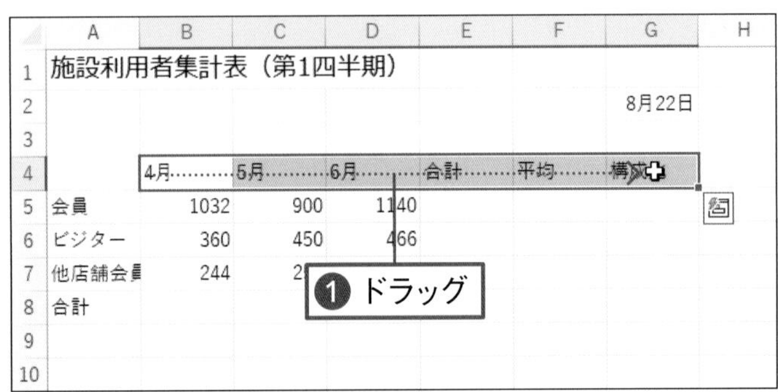

01 セルを選択する

文字に色を付けたいセル（B4～G4）をドラッグして選択します❶。

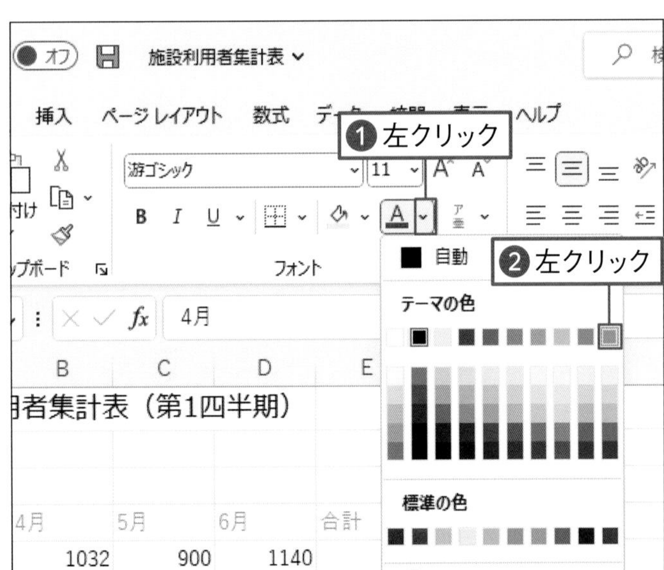

02 文字の色を変更する

[ホーム]タブの A（[フォントの色]ボタン）右側の ⌄ を左クリックします❶。表示される色のパレットから、設定したい色を左クリックします❷。

Memo

色を元に戻したいときは、色のパレットの ■ 自動 を左クリックして変更します。

03 文字の色が変わった

表の項目の文字の色が変わりました。

	A	B	C	D	E	F	G
1	施設利用者集計表（第1四半期）						
2							8月22日
3							
4		4月	5月	6月	合計	平均	構成比
5	会員	1032	900	1140			
6	ビジター	360	450	466			
7	他店舗会員	244	256	280			
8	合計						
9							
10							
11							
12							
13							
14							

Check!

セルの色を変更する

セルの塗りつぶしの色を変更するには、対象のセルを選択し❶、［ホーム］タブの［塗りつぶしの色］ボタン（［塗りつぶしの色］ボタン）右側の⌄を左クリックします❷。表示される色のパレットから、設定する色を左クリックします❸。色のない状態に戻すには、色のパレットの［塗りつぶしなし(N)］を左クリックします。

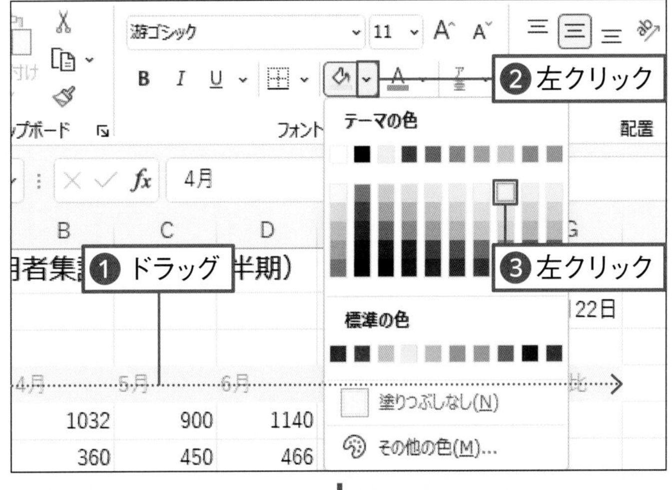

↓

	A	B	C	D	E	F	G
1	施設利用者集計表（第1四半期）						
2							8月22日
3							
4		4月	5月	6月	合計	平均	構成比
5	会員	1032	900	1140			
6	ビジター	360	450	466			
7	他店舗会員	244	256	280			
8	合計						
9							
10							

練習ファイル 08-03a 完成ファイル 08-03b

文字を太字にしよう

表の項目を目立たせるために、文字に太字の飾りを付けます。ここでは、表の上と左の項目を選択し、同じ飾りをまとめて設定します。［太字］ボタンを左クリックするだけで、飾りが付きます。

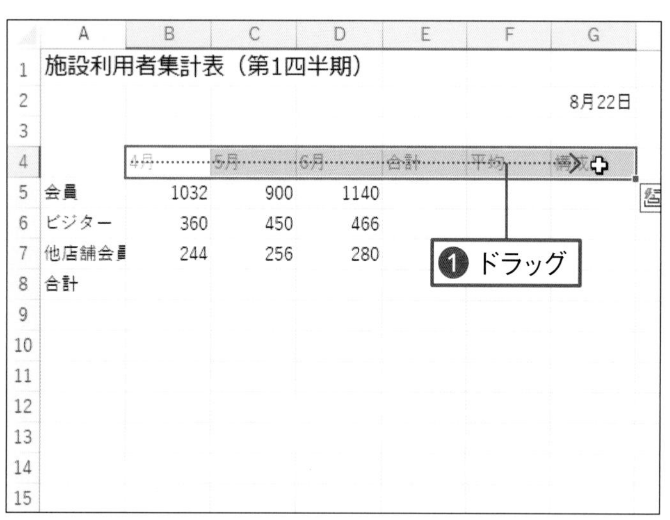

01 セルを選択する

太字にしたいセル（B4～G4セル）をドラッグして選択します❶。

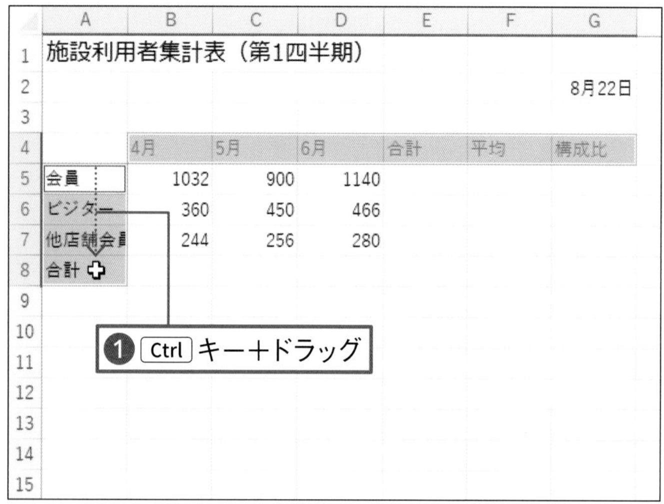

02 同時にセルを選択する

ここでは、表の左の項目もまとめて選択します。Ctrl キーを押しながら、太字にしたいセル（A5～A8セル）をドラッグします❶。

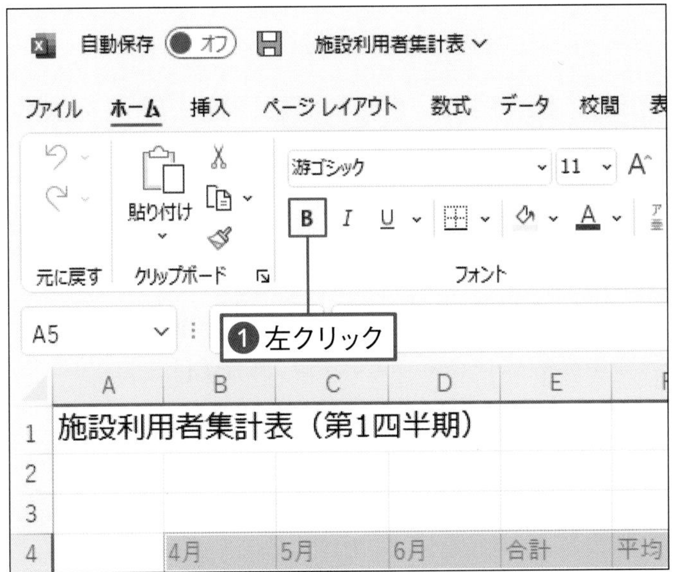

03 文字を太字にする

[ホーム] タブの B ([太字] ボタン) を左クリックします❶。すると、文字が太字になります。もう一度、B ([太字] ボタン) を左クリックすると、太字の書式が解除されます。

Memo

[ホーム] タブの I ([斜体] ボタン) を左クリックすると、文字が斜体になります。U ([下線] ボタン) を左クリックすると文字に下線が付きます。左クリックするたびに飾りのオンとオフを切り替えられます。

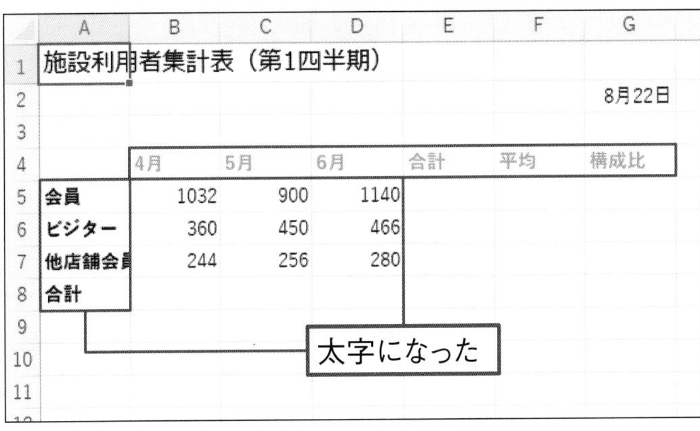

04 文字が太字になった

文字に太字の飾りが付きました。

Memo

選択しているフォントによっては、斜体などの飾りを設定できないものもあります。

Check!

複数の書式をまとめて削除する

複数の飾りをまとめて削除するには、書式が設定されているセルを選択し❶、[ホーム] タブの ◇ ([クリア] ボタン) を左クリックし❷、書式のクリア(F) を左クリックします❸。

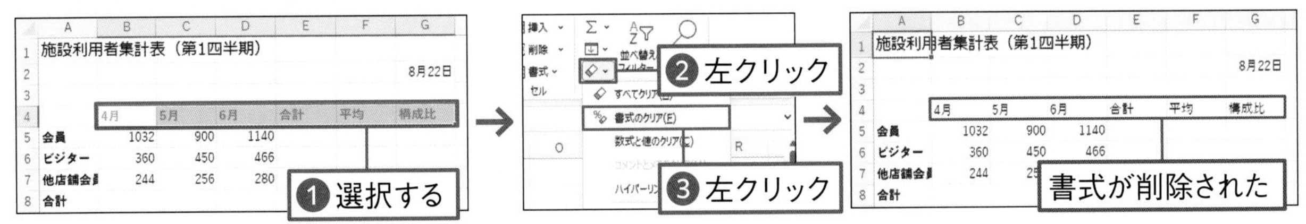

第8章 表の見た目を整えよう

練習ファイル 08-04a 完成ファイル 08-04b

列幅を調整しよう

表の項目がすべて見えるように列幅を調整します。 列幅を文字の長さに合わせて自動調整する方法と、 指定した幅に調整する方法を紹介します。 列の境界線部分にマウスポインターを合わせます。

ダブルクリックして調整する

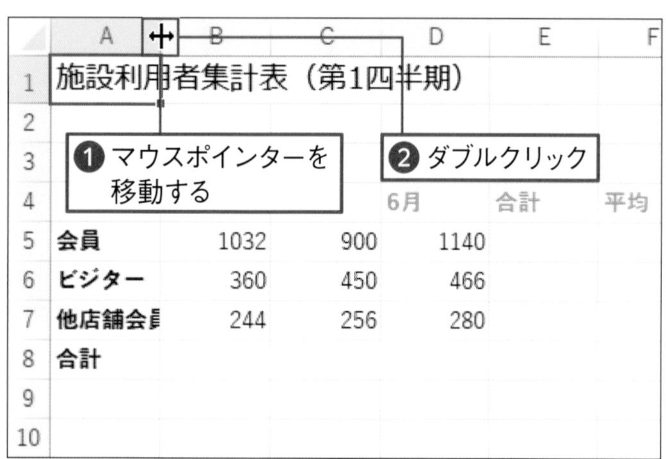

01 マウスポインターを移動する

列幅を調整したい列の右側の境界線（ここでは「A」と「B」の間）にマウスポインターを移動します❶。 マウスポインターの形が ✛ に変わったら、 そのままダブルクリックします❷。

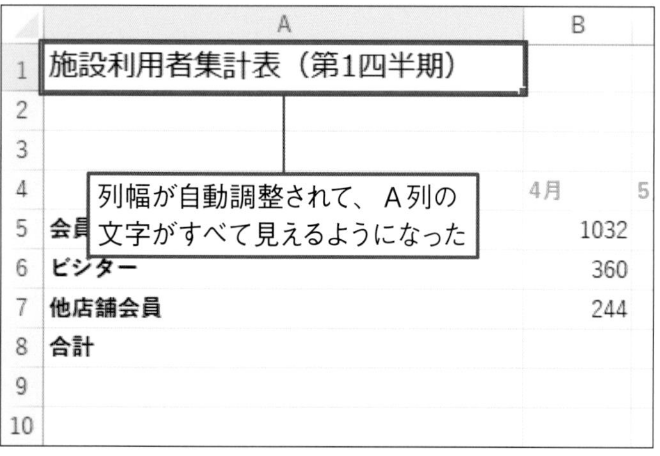

02 列幅が文字に合わせて調整された

指定した列に入力されている一番長いデータに合わせて、 列幅が自動的に変更されます。

Memo

ここでは、A1 セルの文字に合わせて列が広がります。

ドラッグして調整する

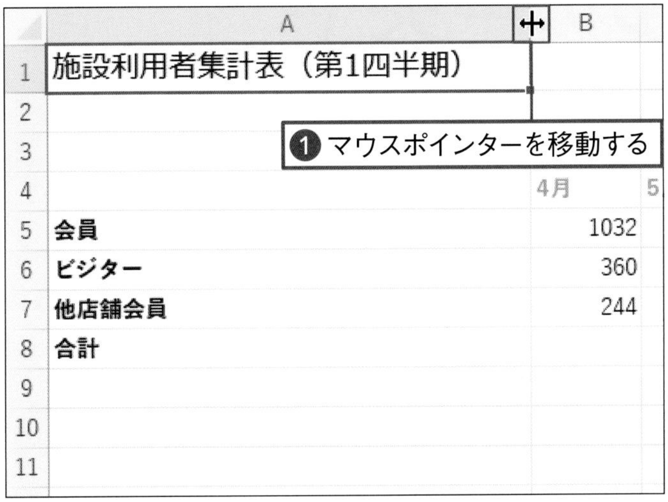

01 マウスポインターを移動する

列幅は、ドラッグ操作で変更することもできます。列幅を調整したい列の右側の境界線（ここでは「A」と「B」の間）にマウスポインターを移動します❶。

	A	B
1	施設利用者集計表（第1四半期）	
2		
3		
4		4月
5	会員	1032
6	ビジター	360
7	他店舗会員	244
8	合計	
9		
10		
11		

❶マウスポインターを移動する

Memo
複数の列幅をまとめて調整するには、111ページの方法で複数列を選択し、選択したいずれかの列の右側の境界線をドラッグします。

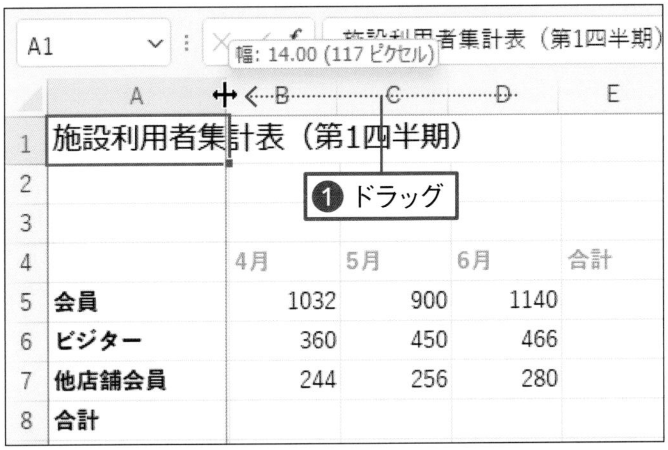

02 ドラッグする

マウスポインターの形が ✛ に変わったら、そのまま左方向にドラッグします❶。ドラッグ中には、列幅を示す線が表示されます。

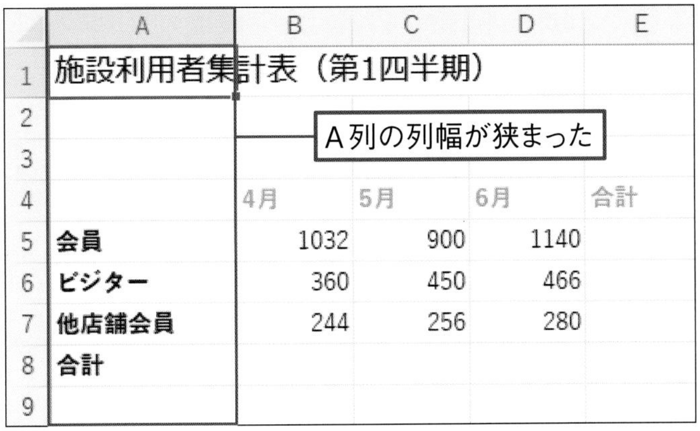

A1 ｜ 施設利用者集計表（第1四半期）
幅: 14.00 (117 ピクセル)

	A	B	C	D	E
1	施設利用者集計表（第1四半期）				
2					
3					
4		4月	5月	6月	合計
5	会員	1032	900	1140	
6	ビジター	360	450	466	
7	他店舗会員	244	256	280	
8	合計				

❶ドラッグ

03 列幅が変更できた

ドラッグした分だけ列幅が変更できました。

	A	B	C	D	E
1	施設利用者集計表（第1四半期）				
2					
3					
4		4月	5月	6月	合計
5	会員	1032	900	1140	
6	ビジター	360	450	466	
7	他店舗会員	244	256	280	
8	合計				
9					

A列の列幅が狭まった

8-5　練習ファイル 08-05a　完成ファイル 08-05b

文字をセルの中央や右に揃えよう

セルに文字を入力すると、通常はセルの左端から表示されます。数値の場合は、桁数がわかりやすいように、セルの右端に揃います。ここでは、表の上の項目をセルの中央に表示します。

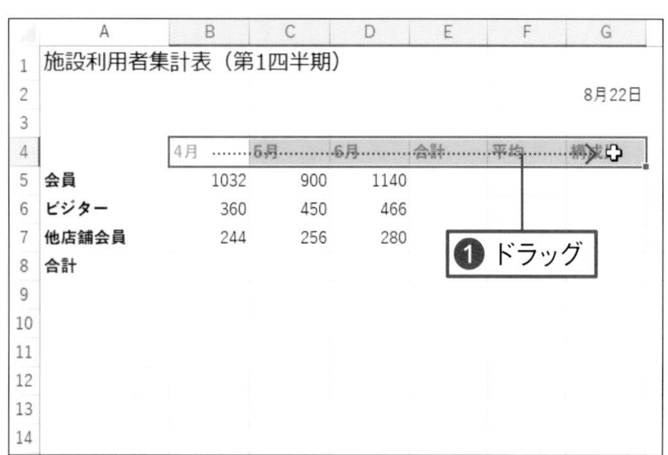

01 セルを選択する

文字を中央に配置するセル（B4～G4セル）をドラッグして選択します❶。

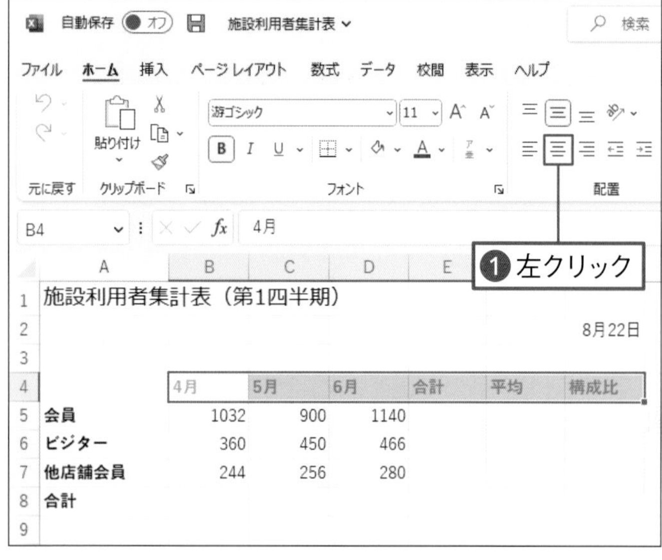

02 文字をセルの中央に揃える

［ホーム］タブの☰（［中央揃え］ボタン）を左クリックします❶。

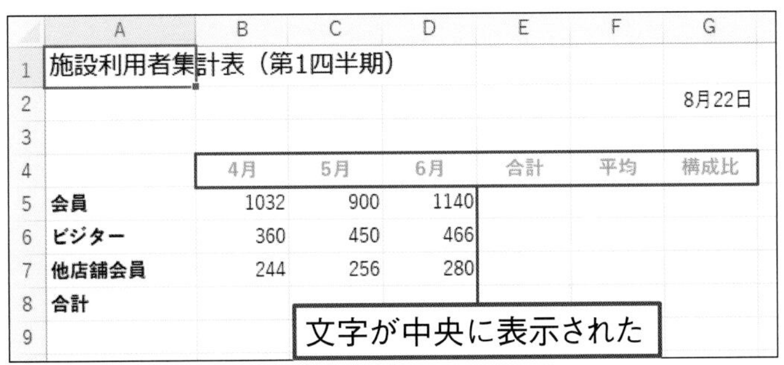

03 文字が中央に揃った

表の上の項目名がセルの中央に表示されました。

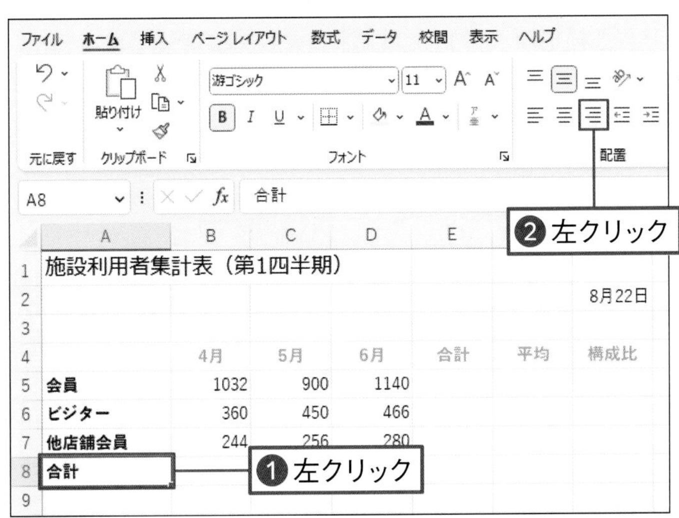

04 文字をセルの右に揃える

文字を右に配置するセル（A8セル）を左クリックします❶。[ホーム]タブの☰（[右揃え]ボタン）を左クリックします❷。

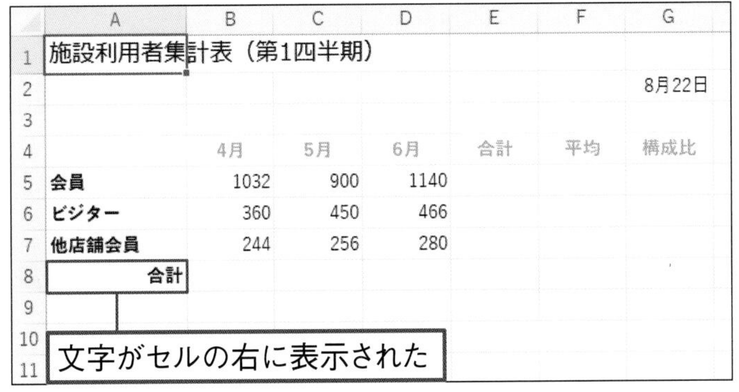

05 文字が右に揃った

文字がセルの右端に揃いました。

Memo

セルに文字を入力すると、通常、セルの左端から表示されます。数値を入力した場合は、数値の桁数がわかりやすいように、セルの右端に揃います。

Check!

配置を元に戻す

文字の配置を元に戻すには、対象のセルを選択し、押されている☰（[中央揃え]ボタン）や☰（[右揃え]ボタン）を左クリックしてオフにします。

8-6

練習ファイル 08-06a　完成ファイル 08-06b

複数のセルの中央に文字を配置しよう

隣接するセルをひとつにまとめることを、「セルを結合する」といいます。ここでは、表のタイトルが表の中央に表示されるように、A1~G1セルまでのセルを結合し、タイトルの文字を中央に配置します。

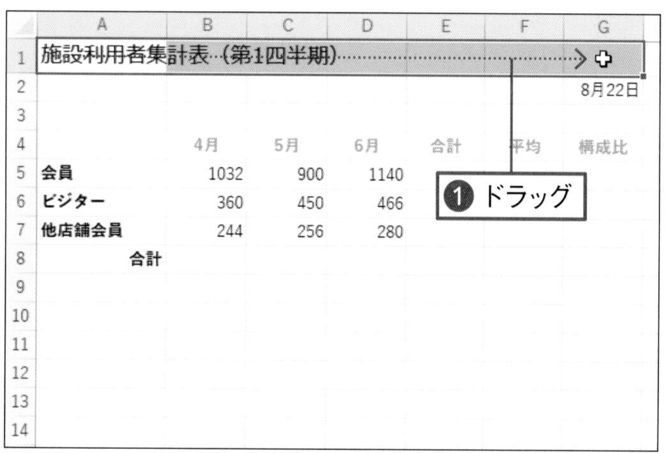

01 セルを選択する

結合する複数のセル(A1～G1セル)をドラッグして選択します❶。

Memo

ここでは、表の横幅(A～G列)に対して、表のタイトルを中央に表示します。

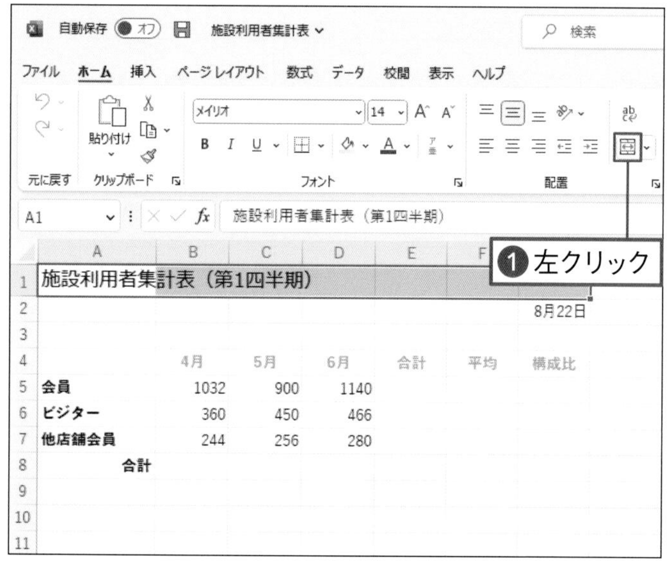

02 セルを結合して中央に揃える

[ホーム]タブの ([セルを結合して中央揃え]ボタン)を左クリックします❶。

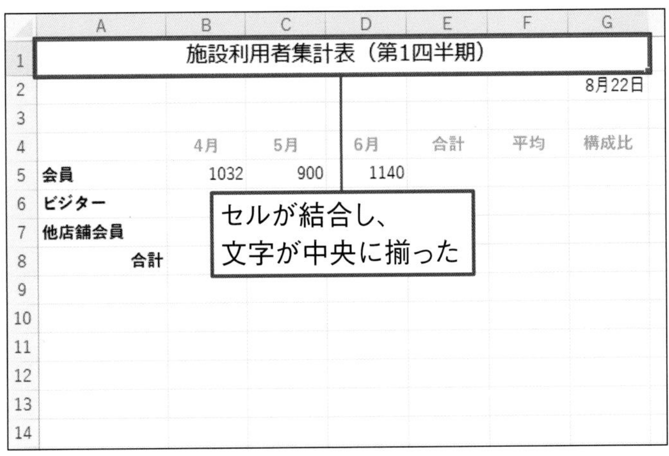

03 複数のセルの中央に表示された

複数のセル（A1～G1セル）が1つのセルに結合され、その中央にタイトルの文字が表示されました。

Check!

文字の配置を変更せずセルを結合する

セルを結合するときに、文字の配置は変更したくない場合は、結合するセルをドラッグして選択し❶、[ホーム]タブの（[セルを結合して中央揃え]ボタン）の右側の⌄を左クリックし❷、セルの結合(M)を左クリックします❸。

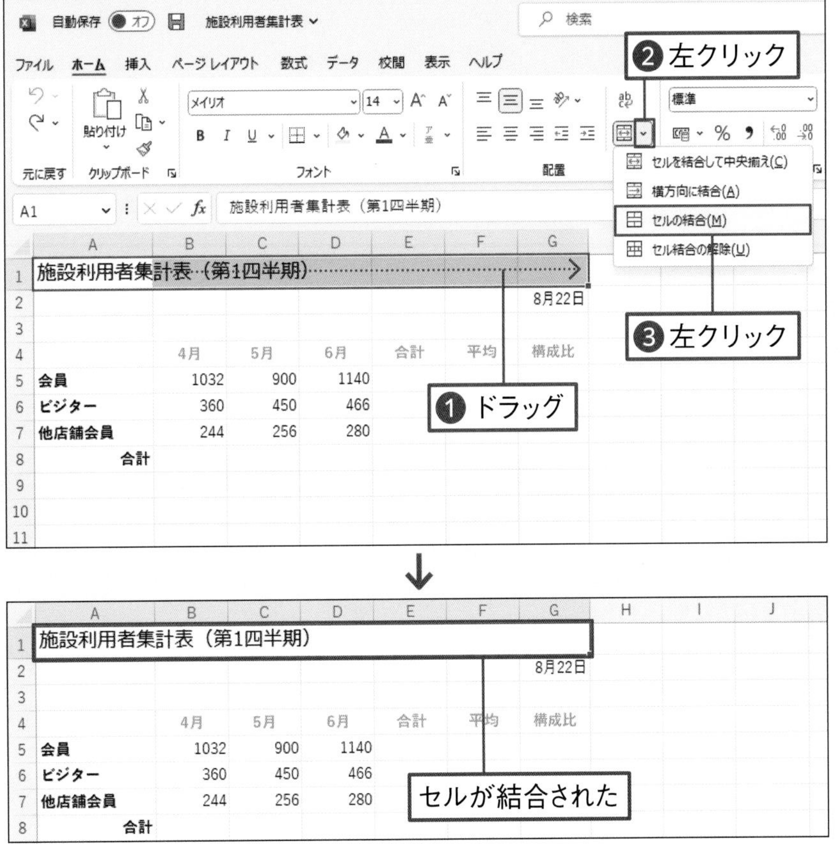

8-7

練習ファイル 08-07a 完成ファイル 08-07b

3桁区切りのカンマを表示しよう

数値データは、数値が読み取りやすくなるように書式を設定します。ここでは、桁がわかりやすいように、3桁区切りのカンマを表示します。また、通貨の「¥」マークを付けることもできます。

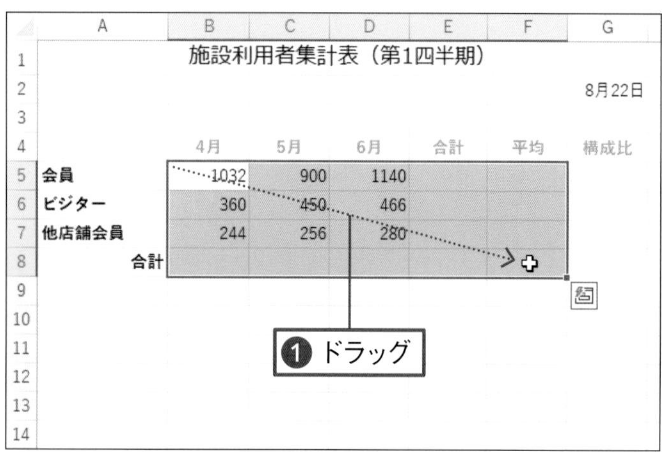

01 セルを選択する

3桁区切りのカンマを付けたいセル（B5～F8セル）をドラッグして選択します❶。

Memo

ここでは、E列やF列、8行目のセルも選択して書式を設定します。すると、第9章で計算式を作成したときに、計算結果にも自動的に3桁区切りのカンマが表示されます。

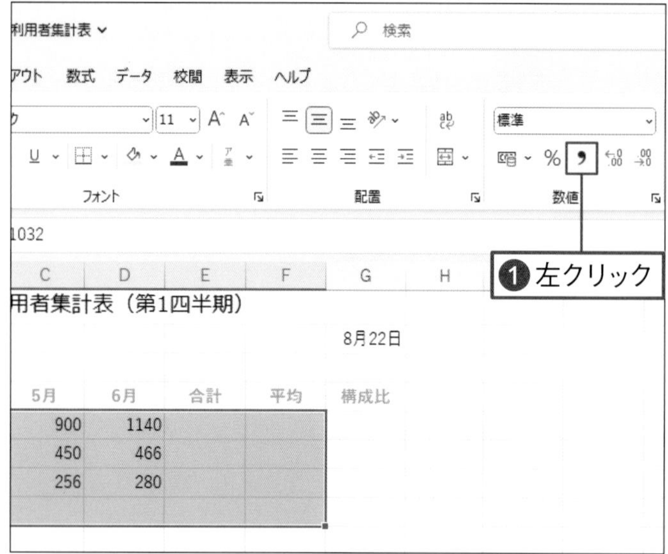

02 3桁区切りのカンマを付ける

［ホーム］タブの (［桁区切りスタイル］ボタン）を左クリックします❶。

Memo

数値の先頭に通貨の「¥」マークを表示するには、［ホーム］タブの (［通貨表示形式］ボタン）を左クリックします。「¥」マークを消して桁区切りのカンマのみを表示するには、 (［桁区切りスタイル］ボタン）を左クリックします。

	A	B	C	D	E	F	G
1	施設利用者集計表（第1四半期）						
2							8月22日
3							
4		4月	5月	6月	合計	平均	構成比
5	会員	1,032	900	1,140			
6	ビジター	360	450	466			
7	他店舗会員	244	256	280			
8	合計						

セルの数値にカンマが付いた

03 数値にカンマが表示された

セルに３桁区切りのカンマが表示されました。

Check!

カンマを解除する

３桁区切りのカンマを解除するときは、対象のセルをドラッグして選択し❶、［ホーム］タブの［通貨］（［表示形式］ボタン）右側の［⌄］を左クリックします❷。表示されるメニューの［標準 特定の形式なし］（［標準］）を左クリックします❸。

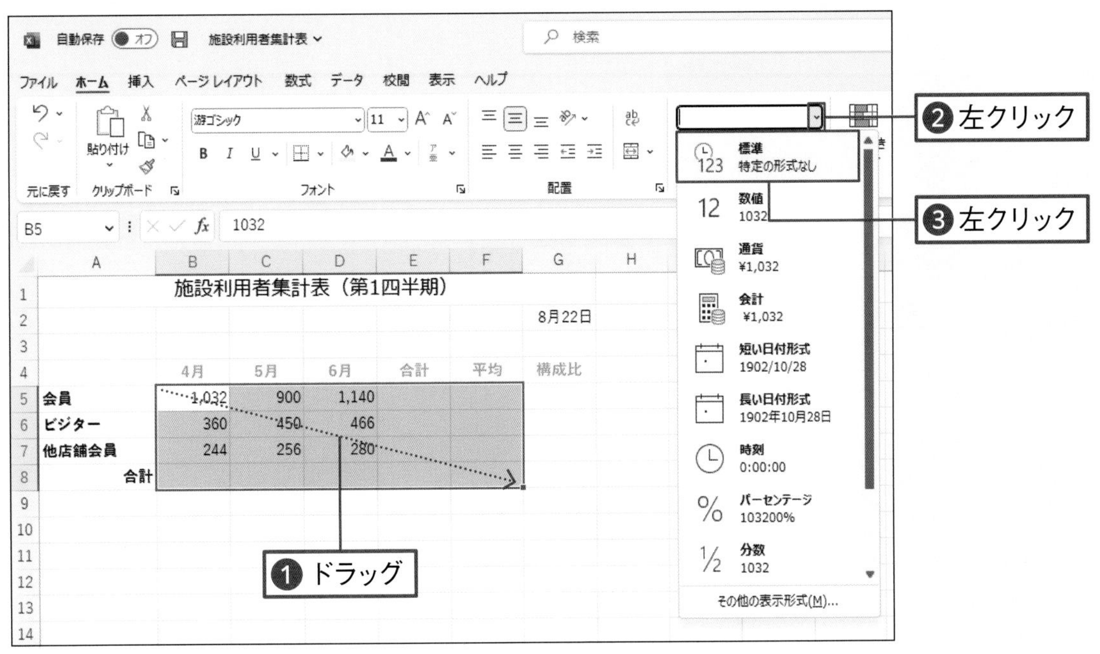

練習ファイル 08-08a 完成ファイル 08-08b

罫線を引こう

セルを区切るグレーの線は、通常は印刷されません。表の項目や数値を線で区切って印刷するには、セルに罫線を引く必要があります。ここでは、セルの上下左右に格子状の線を表示します。

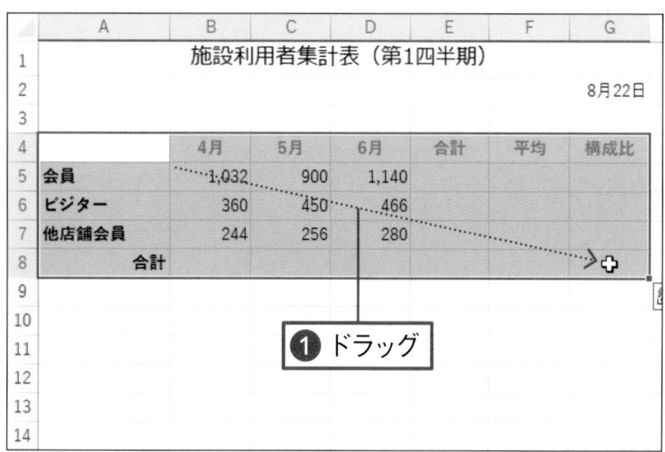

01 表全体を選択する

ここでは、表全体に格子状の線を引きます。罫線を引くセル範囲（A4～G8セル）をドラッグして選択します❶。

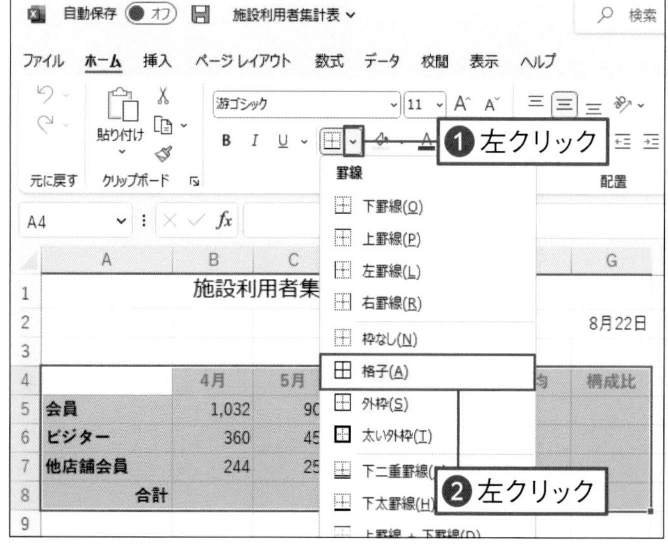

02 格子の罫線を引く

［ホーム］タブの［罫線］ボタン右側の⌄を左クリックします❶。表示されるメニューから、格子(A)を左クリックします❷。

Memo

選択したセル範囲の外側のみ罫線を引く場合は、［外枠］を選択します。さまざまな罫線を選択できます。

	A	B	C	D	E	F	G
1	施設利用者集計表（第1四半期）						
2							8月22日
3							
4		4月	5月	6月	合計	平均	構成比
5	会員	1,032	900	1,140			
6	ビジター	360	450	466			
7	他店舗会員	244	256	280			
8	合計						

格子の罫線が引けた

03 罫線が引けた

格子の罫線が引けました。

Check!

罫線を消すには

罫線を消すには、罫線を消したいセル（A4～G8セル）をドラッグして選択し❶、［ホーム］タブの ⊞ ⌄（［罫線］ボタン）右側の ⌄ を左クリックします❷。続いて、 ⊞ 枠なし(N) を左クリックします❸。

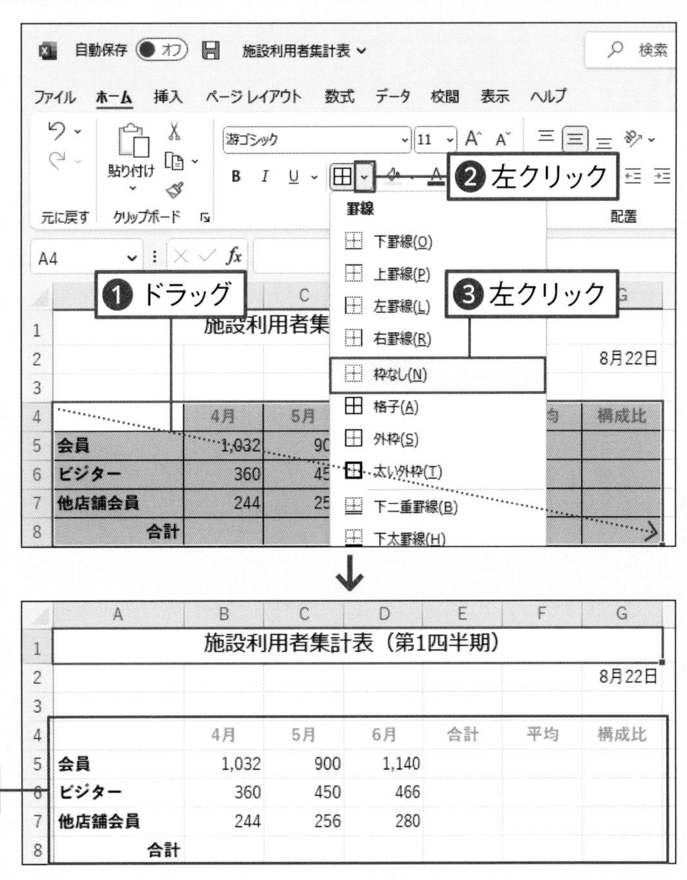

第8章 表の見た目を整えよう

練習ファイル 08-09a　完成ファイル 08-09b

セルの書式をコピーしよう

セルに設定した書式と同じ書式を他のセルにも設定したい場合は、 書式をコピーします。 データはそのままで書式だけを変更できます。 複数の書式が付いている場合も、書式をまとめてコピーできます。

	A	B	C	D	E
1		施設利用者集計表（第1四半期）			
2					
3					
4		4月	5月	6月	合計
5	会員	1,032	900	1,140	
6	ビジター	360	450	466	
7	他店舗会員	244	256	280	
8	合計				
9					

❶左クリック

01 コピー元になるセルを選択する

書式のコピー元になるセル（B4セル）を左クリックします❶。

Memo

ここでは、 B4セルの書式（太字、 文字の色、 文字の配置、 罫線）を、 A8セルにコピーします。

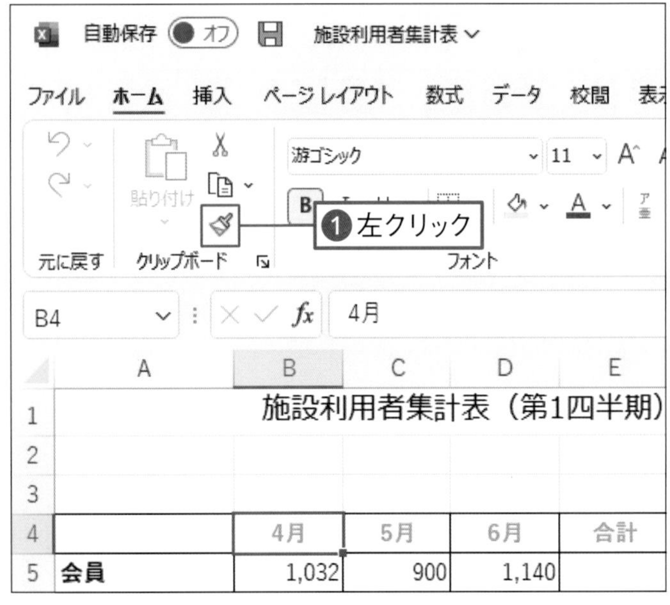

02 書式をコピーする

［ホーム］タブの🖌（［書式のコピー / 貼り付け］ボタン）を左クリックします❶。

03 書式を貼り付ける

マウスポインターの形が刷毛の形になります。書式を貼り付けるセル（A8セル）を左クリックします❶。

	A	B	C	D	E
1		施設利用者集計表（第1四半期）			
2					
3					
4		4月	5月	6月	合計
5	会員	1,032	900	1,140	
6	ビジター	360	450	466	
7	他店舗会員	244	256	280	
8	合計				
9					
10	❶左クリック				
11					

04 書式がコピーされた

B4セルに設定されていた書式（太字、文字の色、文字の配置）がA8セルにコピーされました。

	A	B	C	D	E
1		施設利用者集計表（第1四半期）			
2					
3					
4		4月	5月	6月	合計
5	会員	1,032	900	1,140	
6	ビジター	360	450	466	
7	他店舗会員	244	256	280	
8	合計				
9					
10	書式がコピーされた				
11					

Check!

書式を連続コピーする

書式を複数個所に連続してコピーするには、手順 02 で［ホーム］タブの（［書式のコピー／貼り付け］ボタン）をダブルクリックします❶。すると、書式をコピーするセルを連続して指定できます。書式コピーの操作が終わったら、Escキーを押して、書式コピーの状態を解除します。

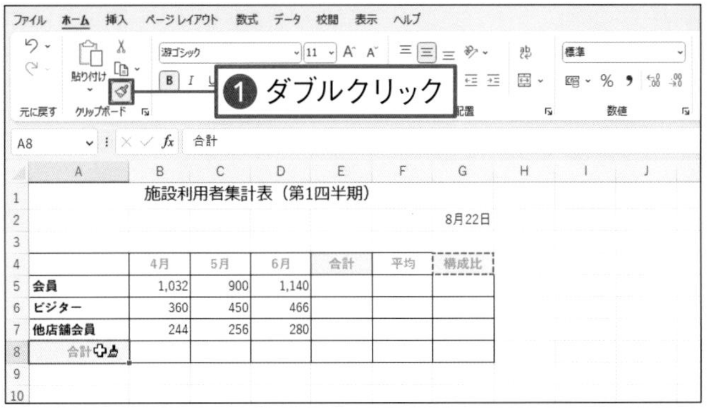

第8章 練習問題

1

B列の列幅を文字の長さに合わせて自動調整するときに、ダブルクリックする場所はどこですか？

	A	B	C	D
1	予約件数集計表			
2				
3		上期	下期	合計
4	新宿支店	758	723	
5	大阪支店	841	931	
6	合計			
7				

1　2　3

2

選択したセルをひとつに結合するときに左クリックするボタンはどれですか？

1.
2.
3.

3

数値に、桁区切りのカンマを付けるときに左クリックするボタンはどれですか？

1.
2. %
3. ,

Chapter 9

計算しよう

この章では、いよいよ計算式を作成します。表のデータが自動的に計算されるようにします。合計や平均などさまざまな計算をかんたんに行う関数も紹介します。さらに、計算式をコピーして手早く作成する方法や、その際に知っておきたい注意点も理解しましょう。

この章で学ぶこと

計算しよう

この章では、表のデータを使って計算をする方法を紹介します。
計算式を手早く作成する手順やコツを理解しましょう。
また、合計や平均などさまざまな計算をかんたんに行う関数の使い方も紹介します。

計算式を入力する

エクセルでは、セル番地を使って計算式を作成して結果を表示できます。計算式もセルに入力します。

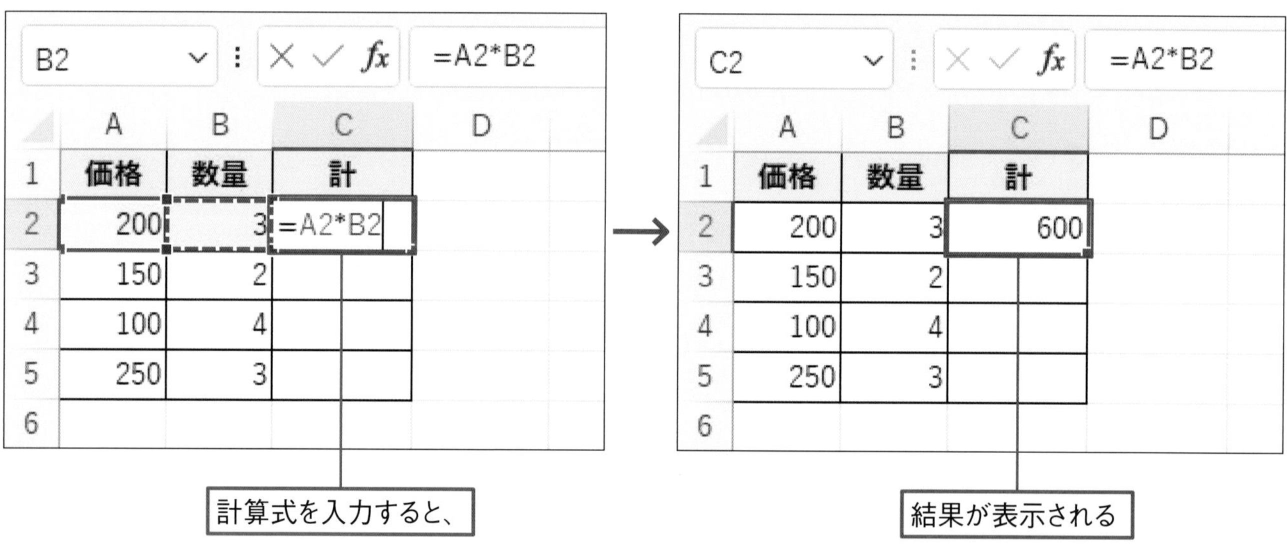

計算式をコピーする

入力した計算式は、 コピーして利用できます。 計算式をコピーすると、 コピー先に応じて計算式の内容も変わり、 正しい結果が表示されます。

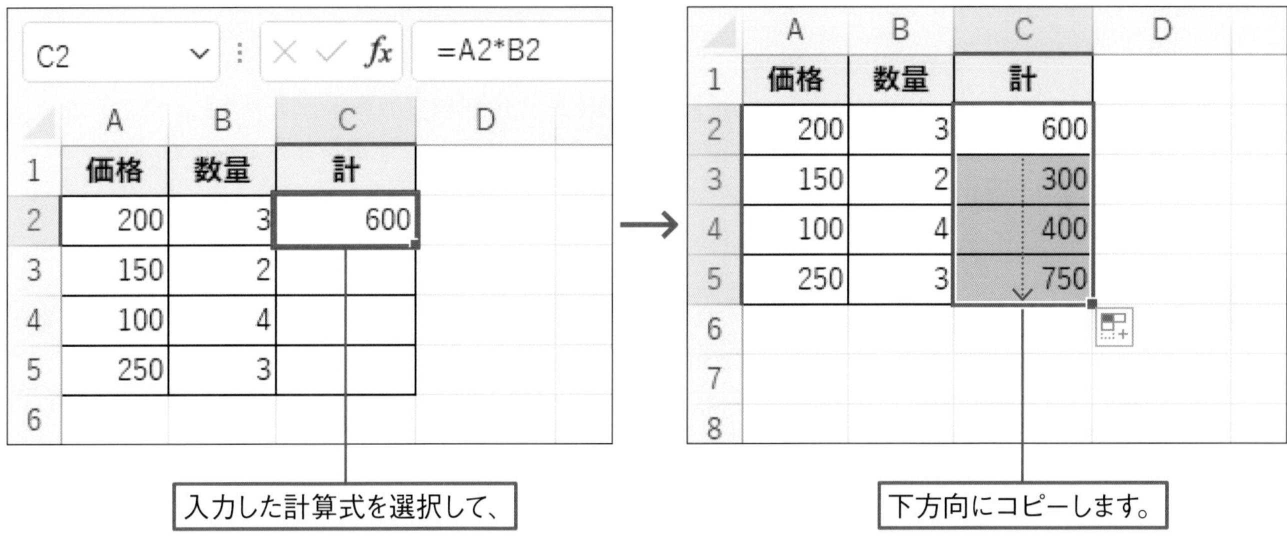

関数を使う

計算式を入力するときは、 計算の目的ごとに用意されている関数という公式のようなものを利用できます。たとえば、 合計を求めるときは、「SUM関数」を使うと複数のセル範囲の合計をかんたんに求められます。

C6 =SUM(C2:C5)

	A	B	C	D	E	F
1	価格	数量	計			
2	200	3	600			
3	150	2	300			
4	100	4	400			
5	250	3	750			
6		合計	2,050			
7						

9-1

練習ファイル なし 完成ファイル なし

エクセルで計算するには

エクセルでは、セルに計算式を入力して計算ができます。計算元の数字が入力されているセルを指定しながら式を作ります。計算式を作成する基本的な手順を知りましょう。

計算式とは

エクセルでは、さまざまな計算をかんたんに行えます。また、計算する値が変わった場合も、すぐに再計算した結果を確認できるしくみになっています。たとえば、下の図のように、「会員」の4月～6月までの利用者数を足した結果を表示する場合、セルに入力された数字を使って計算式を作成します。

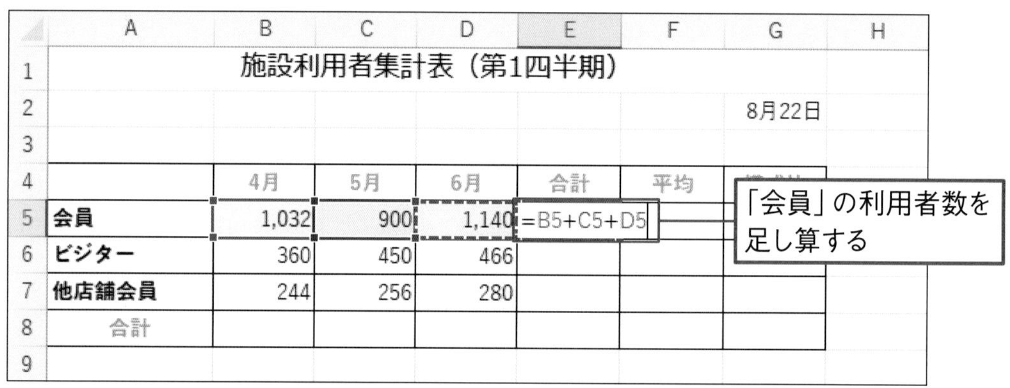

計算式を作る手順

計算式を作成するには、最初に「=」の記号を入力します。続いて、数字やセル番地を使用して計算式を組み立てます。

数字を使った計算式

= 1032 + 900 + 1140

セル番地を使った計算式（154ページ参照）

= B5 + C5 + D5

セル番地で計算式を作るメリット

計算式を作成するときは、一般的にセル番地を使用して作成します。その場合、計算元として指定したセルの値が変わったとき、計算結果が自動的に変わります。

B5セルの数字を「100」に変更すると、

	A	B	C	D	E	F	G	H
1	施設利用者集計表（第1四半期）							
2							8月22日	
3								
4		4月	5月	6月	合計	平均	構成比	
5	会員	100	900	1,140	3,072			
6	ビジター	360	450	466	1,276			
7	他店舗会員	244	256	280	780			
8	合計	1,636	1,606	1,886	5,128			
9								

↓

計算結果が変わった

	A	B	C	D	E	F	G	H
1	施設利用者集計表（第1四半期）							
2							8月22日	
3								
4		4月	5月	6月	合計	平均	構成比	
5	会員	100	900	1,140	2,140			
6	ビジター	360	450	466	1,276			
7	他店舗会員	244	256	280	780			
8	合計	704	1,606	1,886	4,196			
9								

Memo

計算式は、数字を直接して「=1032+900+1140」のように入力することもできます。この場合、計算元の数字が変わったときは、計算式を毎回修正する必要があります。

Check!

四則演算記号について

足し算や引き算、掛け算、割り算の計算式を作成するには、四則演算の記号を使います。足し算は「＋（プラス）」、引き算は「－（マイナス）」、掛け算は「＊（アスタリスク）」、割り算は「/（スラッシュ）」の記号を使います。

練習ファイル 09-02a 完成ファイル 09-02b

セルを指定して計算しよう

計算式を作成するときにセル番地を指定すると、計算元の数値が変更されたとき、計算結果が自動的に更新されます。ここでは、「会員」の4月から6月までの利用者数を計算します。

	A	B	C	D	E
1	施設利用者集計表（第1四半期）				
2					
3					
4		4月	5月	6月	合計
5	会員	1,032	900	1,140	=
6	ビジター	360	450	466	
7	他店舗会員	244	256	280	
8	合計				
9					
10					
11					
12					

❶左クリック
❷入力する

01 「=」を入力する

日本語入力モードをオフにしておきます。計算結果を表示するセル（E5セル）を左クリックします❶。続いて、半角で「=」を入力します❷。

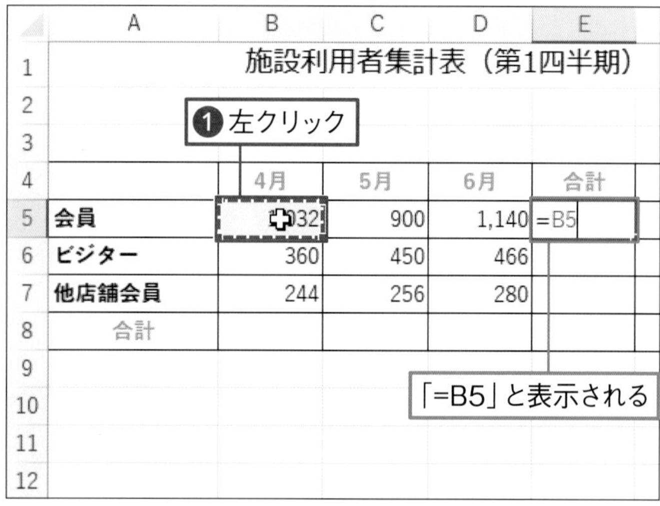

	A	B	C	D	E
1	施設利用者集計表（第1四半期）				
2					
3					
4		4月	5月	6月	合計
5	会員	1,032	900	1,140	=B5
6	ビジター	360	450	466	
7	他店舗会員	244	256	280	
8	合計				
9					
10					
11					
12					

02 1つ目のセルを左クリックする

計算する数値が入ったセル（B5セル）を左クリックします❶。すると、自動的に「=」の後に左クリックしたセル番地が入力されます。

Memo
B5セルの周りには青い点線枠が表示されます。セルが計算対象になっていることを示しています。

03 2つ目のセルを左クリックする

足し算の「+」を入力します❶。続いて、2つ目の数値の入ったセル（C5セル）を左クリックします❷。

	A	B	C	D	E	F
1	施設利用者集計表（第1四半期）					
2						
3						
4		4月	5月	6月	合計	平
5	会員	1,032	900	1,140	=B5+C5	
6	ビジター	360	450	466		
7	他店舗会員	244	256	280		
8	合計					
9						
10						
11						
12						

04 3つ目のセルを左クリックする

続いて、「+」を入力し❶、3つ目の数値の入ったセル（D5セル）を左クリックします❷。計算式が完成しました。

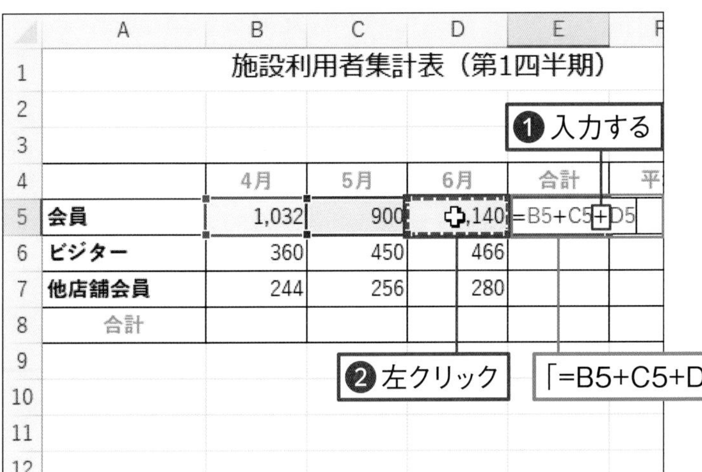

	A	B	C	D	E	F
1	施設利用者集計表（第1四半期）					
2						
3						
4		4月	5月	6月	合計	平
5	会員	1,032	900	1,140	=B5+C5+D5	
6	ビジター	360	450	466		
7	他店舗会員	244	256	280		
8	合計					
9						
10						
11						
12						

05 計算結果が表示できた

Enter キーを押します❶。計算結果が表示されます。

	A	B	C	D	E	F
1	施設利用者集計表（第1四半期）					
2						
3						
4		4月	5月	6月	合計	平
5	会員	1,032	900	1,140	3,072	
6	ビジター	360	450	466		
7	他店舗会員	244	256	280		
8	合計					
9						
10						
11						
12						

Memo

E5セルを左クリックすると、数式バーに計算式の内容が表示されます。

練習ファイル 09-03a　完成ファイル 09-03b

計算式をコピーしよう

154ページで作成した計算式と同じ内容の式を、「ビジター」「他店舗会員」の「合計」に入力します。同じ内容の式は、コピーして入力できます。フィルハンドルをドラッグしてコピーします。

01 コピー元の計算式を選択する

コピー元の計算式の入ったセル（E5セル）を左クリックします❶。

E5　=B5+C5+D5

	A	B	C	D	E
1		施設利用者集計表（第1四半期）			
2					
3					
4		4月	5月	6月	合計
5	会員	1,032	900	1,140	3,072
6	ビジター	360	450	466	
7	他店舗会員	244	256	280	
8	合計				
9					
10					

❶左クリック

Memo

ここでは、E5セルに入力した「会員」の利用者数を足し算する計算式を、E6～E7セルにコピーします。

02 マウスポインターを移動する

選択したセルの右下に■（フィルハンドル）が表示されます。■（フィルハンドル）にマウスポインターを移動します❶。マウスポインターの形が＋に変化します。

	A	B	C	D	E
1		施設利用者集計表（第1四半期）			
2					
3					
4		4月	5月	6月	合計
5	会員	1,032	900	1,140	3,072
6	ビジター	360	450	466	
7	他店舗会員	244	256	280	
8	合計				
9					
10					
11					
12					

❶マウスポインターを移動する

マウスポインターの形が変わった

	A	B	C	D	E	F
1	施設利用者集計表（第1四半期）					
2						
3						
4		4月	5月	6月	合計	平
5	会員	1,032	900	1,140	3,072	
6	ビジター	360	450	466		
7	他店舗会員	244	256	280		
8	合計					
9						
10					❶ ドラッグ	
11						

03 計算式をコピーする

マウスポインターが＋に変化した状態で、コピー先のセル（E7セル）までドラッグします❶。

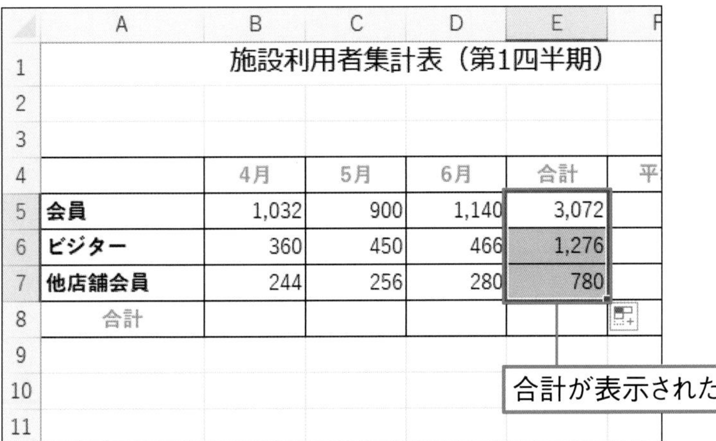

04 計算式がコピーできた

計算式がコピーされました。「ビジター」「他店舗会員」の４月～６月の利用者数の合計が表示されます。

Check!

計算元のセルが自動的に変わる

ここでは、「会員」の各月の利用者数を足した計算式を、「ビジター」「他店舗会員」の合計のセルにコピーしました。計算式をコピーすると、計算式で参照しているセル番地が、コピー先のセルに合わせて自動的にずれます。このように、コピー先に応じて参照元セルのセル番地が相対的にずれるセルの参照方法を「相対参照」と言います。セルの指定方法には、参照するセル番地を固定する「絶対参照」もあります（162～163ページ参照）。

E5セルに入力した計算式をコピーすると、それぞれの行の計算式は右表の内容になります。

セル	計算式
E5セル（コピー元）	=B5+C5+D5
E6セル	=B6+C6+D6
E7セル	=B7+C7+D7

9-4

練習ファイル 09-04a　完成ファイル 09-04b

SUM関数を使って合計を求めよう

エクセルでは、合計や平均などのさまざまな種類の計算を行うために関数が用意されています。ここでは、指定したセル範囲の合計を求める「SUM関数」を紹介します。

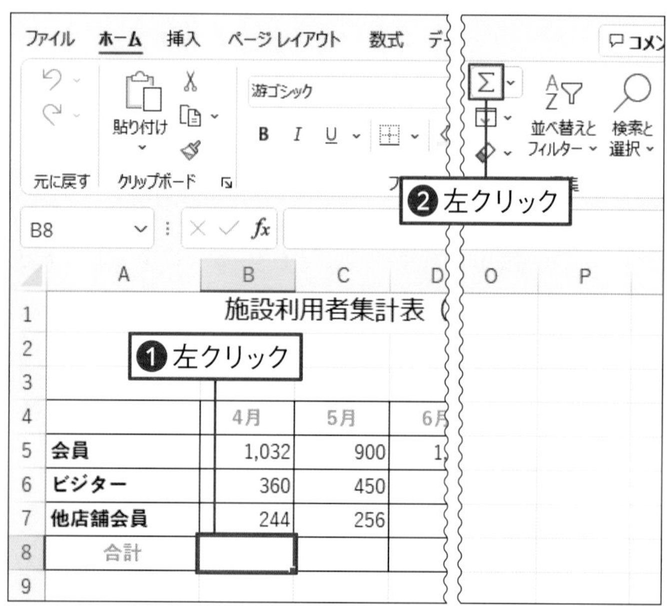

01 合計ボタンを左クリックする

計算結果を表示するセル（B8セル）を左クリックし❶、［ホーム］タブの∑（［合計］ボタン）を左クリックします❷。

Memo

［ホーム］タブの∑（［合計］ボタン）は、頻繁に使用するいくつかの関数をかんたんに入力できるボタンです。

施設利用者集計表（第1四半期）

「＝SUM（B5：B7）」の計算式が表示された

	A	B	C	D	E	F
4		4月	5月	6月	合計	平均
5	会員	1,032	900	1,140	3,072	
6	ビジター	360	450	466	1,276	
7	他店舗会員	244	256	280	780	
8	合計	=SUM(B5:B7)				
9		SUM(数値1, [数値2], ...)				

02 計算式を確認する

計算式が表示されます。これは「B5セルからB7セルの合計を求める」という意味です。

Memo

154～155ページで作成したE5セルに入力した計算式も、関数を使って入力できます。その場合、E5セルの計算式は「=SUM（B5：D5）」です。

03 Enter キーを押す

Enter キーを押します❶。B8セルに、B5セルからB7セルまでの合計の計算結果が表示されます。

	A	B	C	D	E	F
1	施設利用者集計表（第1四半期）					
2						
3						
4		4月	5月	6月	合計	平均
5	会員	1,032	900	1,140	3,072	
6	ビジター	360	450	466	1,276	
7	他店舗会員	244	256	280	780	
8	合計	1,636				
9						
10						
11						
12						
13						

04 計算式をコピーする

コピーするセル（B8セル）を左クリックします❶。右下の■（フィルハンドル）を、E8セルまでドラッグします❷。

	A	B	C	D	E	F
1	施設利用者集計表（第1四半期）					
2						
3						
4		4月	5月	6月	合計	平均
5	会員	1,032	900	1,140	3,072	
6	ビジター	360	450	466	1,276	
7	他店舗会員	244	256	280	780	
8	合計	1,636				
9						
10						
11						
12						
13						

05 計算結果が表示された

計算式がコピーされました。各月と合計の利用者数の合計が表示されます。

	A	B	C	D	E	F
1	施設利用者集計表（第1四半期）					
2						
3						
4		4月	5月	6月	合計	平均
5	会員	1,032	900	1,140	3,072	
6	ビジター	360	450	466	1,276	
7	他店舗会員	244	256	280	780	
8	合計	1,636	1,606	1,886	5,128	
9						
10						
11						
12						
13						

Memo

関数を使った計算式を入力するには、「=」の後に関数名を入力し、「()」の中に引数という計算に必要な情報を指定します。引数の内容は、関数によって異なります。

練習ファイル 09-05a 完成ファイル 09-05b

AVERAGE関数を使って平均を求めよう

「AVERAGE関数」を使うと、平均値を求められます。「AVERAGE関数」も、[合計] ボタンから入力できます。平均値を求めるための元のセル範囲を間違えずに指定しましょう。

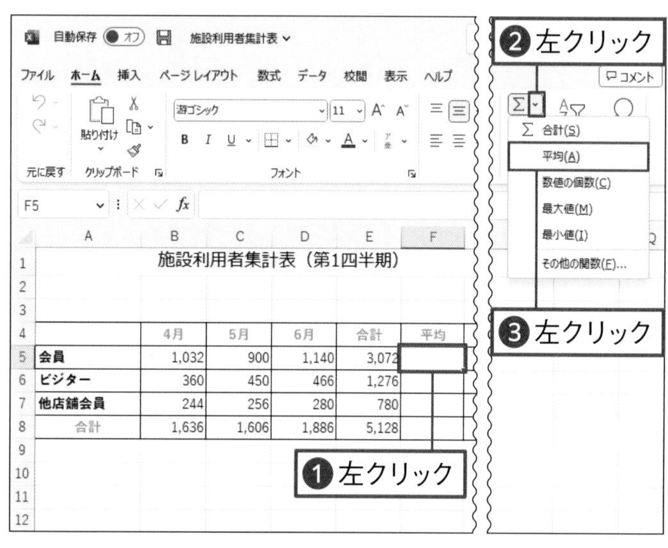

01 合計ボタンを左クリックする

計算結果を表示するセル (F5セル) を左クリックします❶。[ホーム] タブの [Σ] ([合計] ボタン) の右側の [⌄] を左クリックし❷、[平均(A)] を左クリックします❸。

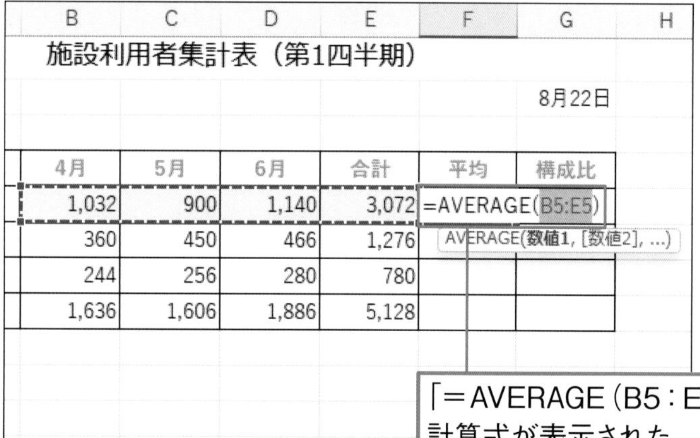

02 計算式を確認する

F5セルに、自動的に「=AVERAGE (B5:E5)」の計算式が表示されます。これは、「B5セルからE5セルまでの平均を求めなさい」という意味です。

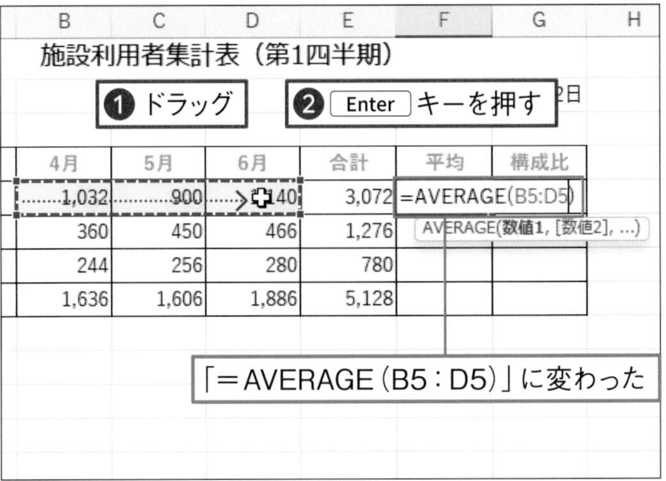

03 セル範囲を修正する

ここでは、「会員」の「4月」「5月」「6月」の利用者数の平均を求めます。E5セルの合計は平均の計算には使わないため計算式を修正します。B5～D5セルをドラッグします❶。F5セルの計算式が「＝AVERAGE（B5：D5）」に変わります。 Enter キーを押します❷。

04 Enter キーを押す

F5セルに平均の計算結果が表示されます。F5セルを左クリックします❶。■（フィルハンドル）にマウスポインターを移動します❷。

05 計算式をコピーする

■（フィルハンドル）を、F7セルまでドラッグします❶。計算式がコピーされ、それぞれの利用者数の平均が表示されます。

練習ファイル 09-06a　完成ファイル 09-06b

計算式に使うセルを固定しよう

計算式でセルを参照するときの書き方は、いくつかあります。式をコピーしたときに、参照するセルの位置がずれると困る場合は、「絶対参照」で指定します。参照元のセルの位置を固定できます。

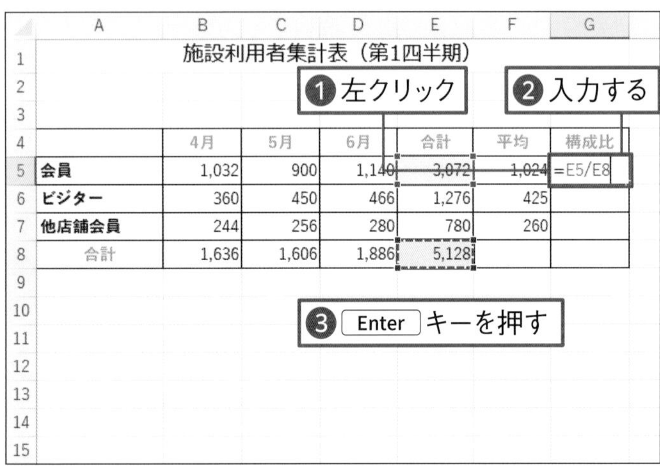

	A	B	C	D	E	F	G
1	施設利用者集計表（第1四半期）						
2							
3							
4		4月	5月	6月	合計	平均	構成比
5	会員	1,032	900	1,140	3,072	1,024	=E5/E8
6	ビジター	360	450	466	1,276	425	
7	他店舗会員	244	256	280	780	260	
8	合計	1,636	1,606	1,886	5,128		

01 計算式を入力する

計算結果を表示するセル（G5セル）を左クリックし❶、「＝E5/E8」を入力して❷、Enter キーを押します❸。

Memo

ここでは、会員種別ごとの利用者数の割合を計算します。式の内容は、「「会員」の合計」÷「総合計」なので、「=E5/E8」です。

B	C	D	E	F	G
施設利用者集計表（第1四半期）					
4月	5月	6月	合計	平均	構成比
1,032	900	1,140	3,072	1,024	0.599064
360	450	466	1,276	425	#DIV/0!
244	256	280	780	260	#DIV/0!
1,636	1,606	1,886	5,128		

❶左クリック
❷ドラッグ
エラーが表示された

02 計算式をコピーする（失敗）

コピー元のセル（G5セル）を左クリックします❶。セルの右下の■（フィルハンドル）にマウスポインターを移動して、コピー先のセル（G7セル）までドラッグします❷。「0」や空白のセルを参照して割り算した場合は、「#DIV/0!」エラーになります。G6セルやG7セルの数式を確認しましょう。

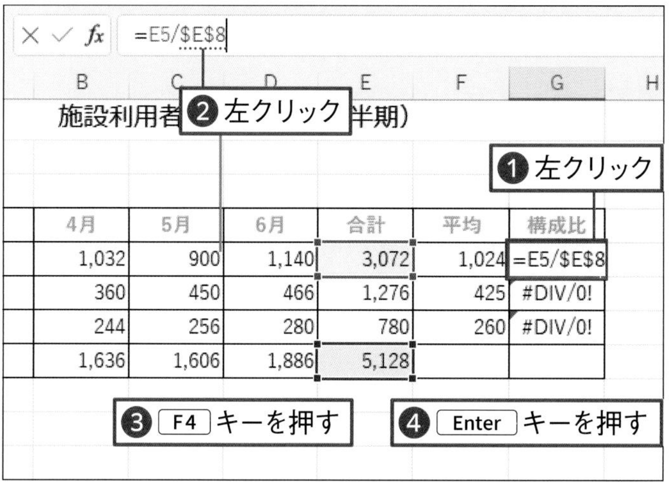

03 計算式を修正する

計算式の入ったセル（G5セル）を左クリックします❶。続いて、数式バーの「E8」部分を左クリックします❷。F4キーを押すと❸、「E8」が「E8」に変わり、絶対参照で指定されます。Enterキーを押して計算式を決定します❹。

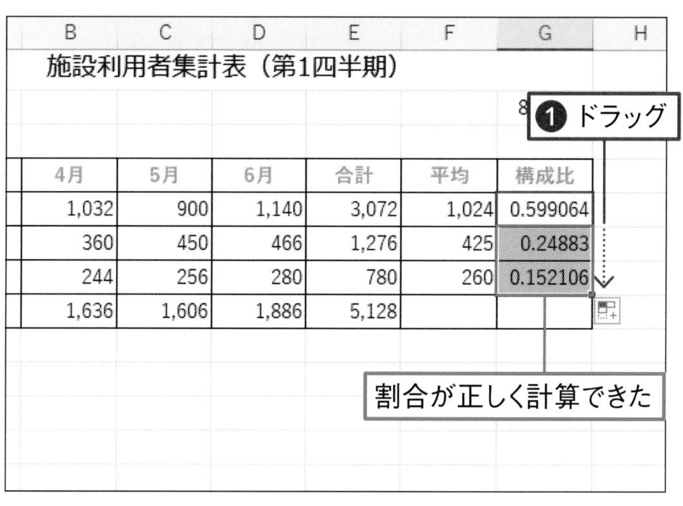

04 計算結果を確認する

手順02と同じ操作で計算式をコピーします❶。会員種別ごとの割合が表示されます。

Memo

G7セルを左クリックして数式バーを確認すると、「=E7/E8」と表示されます。参照元のE8セルが固定されたため、正しい結果が表示されます。

Check!

パーセント表示にする

数値をパーセント表示にするには、対象のセルをドラッグして選択し❶、[ホーム]タブの%（[パーセントスタイル]ボタン）を左クリックします❷。

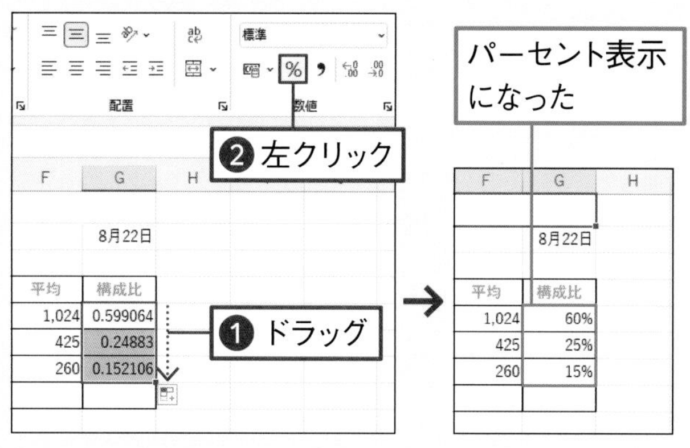

練習ファイル 09-07a　完成ファイル 09-07b

スピル機能を使って計算しよう

エクセル2021やMicrosoft 365のエクセルを使用している場合は、隣接するセルにまとめて計算式を入力するスピル機能を利用できます。ここでは、スピル機能を利用して四則演算の式を入力します。

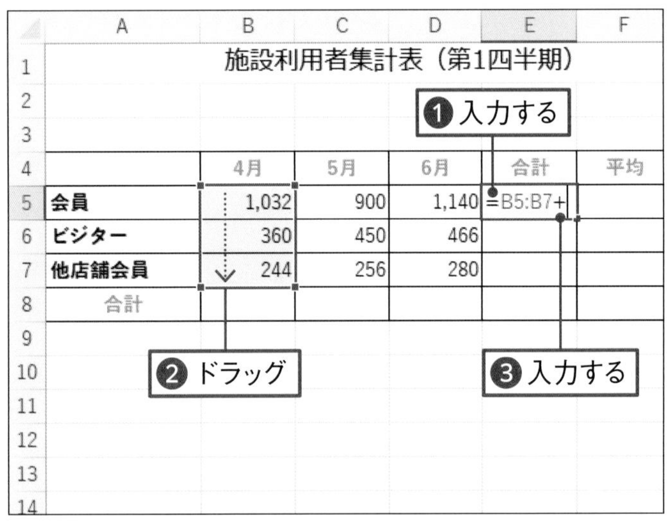

01 計算式を入力する

計算式を入力するセル（E5セル）を左クリックして「=」を入力します❶。計算元のセル（B5～B7セル）をドラッグして選択します❷。「+」を入力します❸。

Memo

ここでは、会員種別ごとに4月から6月の施設利用者数の合計を求めます。スピル機能を利用して計算式を作成します。

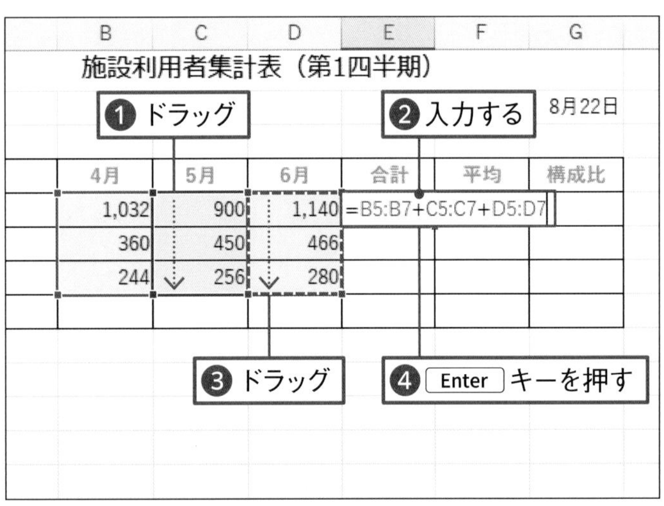

02 続きの式を入力する

計算元のセル（C5～C7セル）をドラッグして選択します❶。「+」を入力します❷。計算元のセル（D5～D7セル）をドラッグして選択します❸。 Enter キーを押して決定します❹。

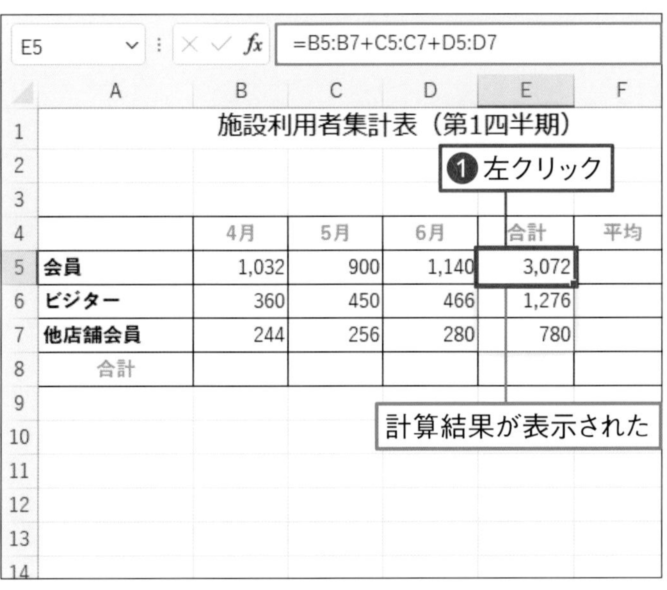

03 式が入力された

計算式がまとめて入力されます。計算式を入力したセル（E5セル）を左クリックします❶。スピル機能を利用して入力した計算式の内容が表示されます。

Memo

スピル機能を利用して入力した計算式を修正するには、式を入力したセルを左クリックして式を入力します。実際に式を入力したセル以外に入力されている数式はゴーストといい、数式バーの式はグレーの表示になります。

Check!

絶対参照を使わずに式を入力する

162〜163ページでは、計算式を作成するとき、式をコピーしたときにセルの参照元が固定されるように、セルを絶対参照の方法で参照する方法を紹介しました。スピル機能を利用すると、絶対参照を使わずにかんたんに計算式を入力できる場合があります。たとえば、162〜163ページで紹介した計算式と同様の結果を表示するには、まず、158〜159ページの方法で、各月と合計の合計（B8〜E8セル）を、SUM関数を使って求めます。続いてG5セルを左クリックして「=」を入力し❶、セル範囲E5〜E7セルをドラッグし❷、「/」を入力しE8セルを左クリックして Enter キーを押して式を入力します❸。式の内容は、「=E5#/E8」になります。「#」は、スピル範囲演算子です。スピル機能を利用して入力した計算式のスピル範囲全体を参照するときに使います。なお、E列の合計の計算式を、スピル機能を使わずに作成している場合、G5セルに表示される式の内容は、「=E5：E7/E8」になります。

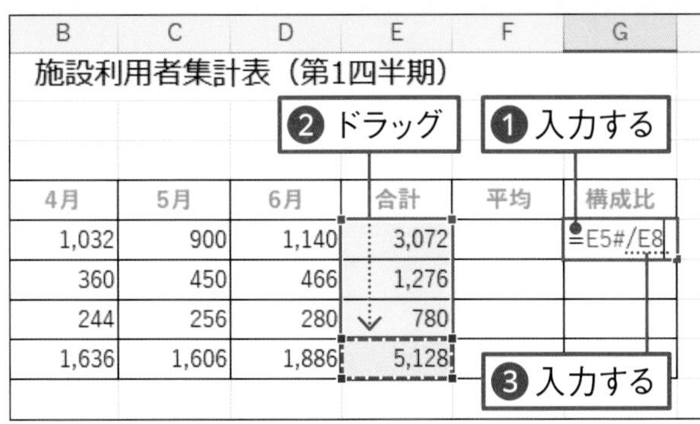

施設利用者集計表（第1四半期）

結果が表示される

4月	5月	6月	合計	平均	構成比
1,032	900	1,140	3,072		0.599064
360	450	466	1,276		0.24883
244	256	280	780		0.152106
1,636	1,606	1,886	5,128		

第 9 章　練習問題

1

C1 セルに、A1 セルと B1 セルの値を足した結果を表示するときは、どのような式を作成すればよいですか？

1 =A1+B1　　2 A1+B1=　　3 =2+3

2

計算式をコピーするときにドラッグする場所はどこですか？

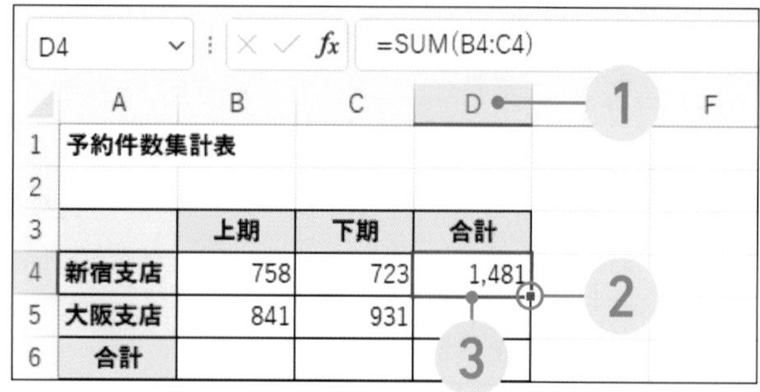

3

合計を求める関数の名前は何ですか？

1 SUM（サム）関数

2 AVERAGE（アベレージ）関数

3 COUNT（カウント）関数

Chapter 10

グラフを作ろう

この章では、表のデータを元にグラフを作る方法を紹介します。グラフを利用すると、数値の大きさの違いや値の推移をわかりやすく伝えられます。グラフの作成後は、グラフタイトルや軸のラベルなど必要な部品を追加して見やすく整えます。

この章で学ぶこと

グラフを作ろう

この章では、グラフを作成する方法を紹介します。
エクセルでは、表のデータを元にグラフを作成できます。グラフにする表の範囲を選択し、
グラフの種類を選択するだけでグラフの土台が完成します。

グラフを作成する

グラフにする表の範囲を選択してグラフを作る準備をします。エクセルでは、さまざまな種類のグラフを作成できます。グラフで示したい内容に合わせて選択します。

	A	B	C	D	E	F	G	H	I
1	施設利用者集計表（第1四半期）								
2							8月22日		
3									
4		4月	5月	6月	合計	平均	構成比		
5	会員	1,032	900	1,140	3,072	1,024	60%		
6	ビジター	360	450	466	1,276	425	25%		
7	他店舗会員	244	256	280	780	260	15%		
8	合計	1,636	1,606	1,886	5,128				
9									
10									

グラフの元の表の範囲を指定する

グラフの挿入

おすすめグラフ　すべてのグラフ

最近使用したグラフ
テンプレート
縦棒
折れ線
円
横棒
面
散布図
マップ
株価

集合縦棒

グラフの種類を選択する

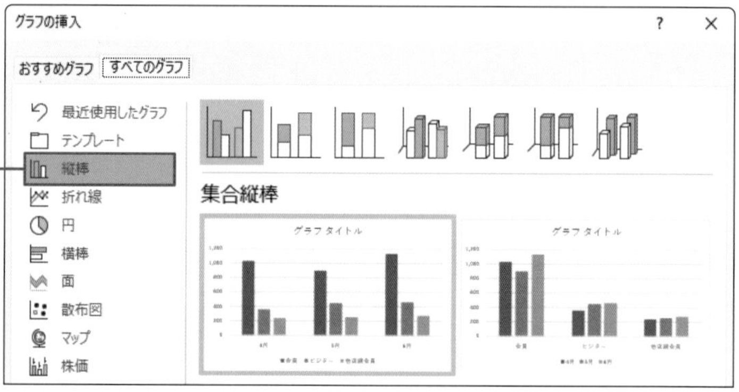

表とグラフの関係

表を元に作成したグラフは、表とグラフが連動しています。たとえば、表の値を書き換えると、グラフの内容も変わります。

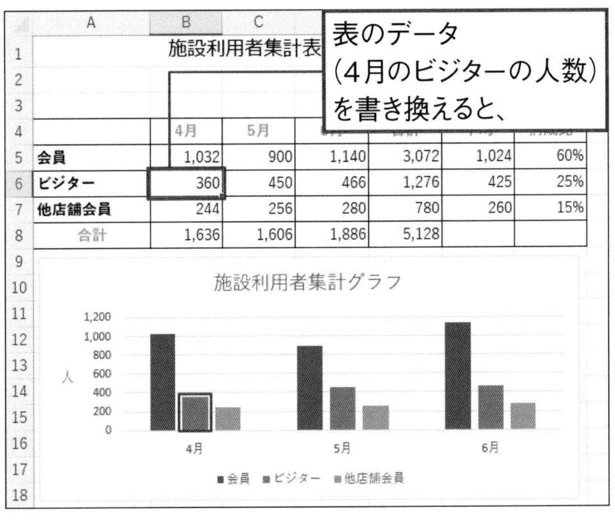

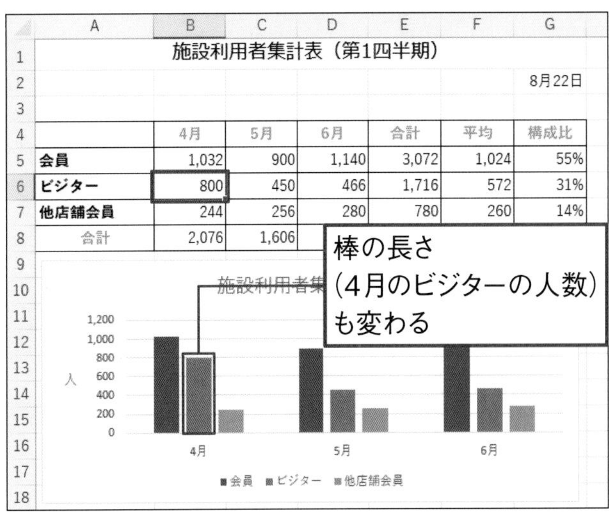

グラフに表示する内容を指定する

グラフは、さまざまな部品で構成されています。グラフを作成したあとで、グラフに表示する部品を指定できます。

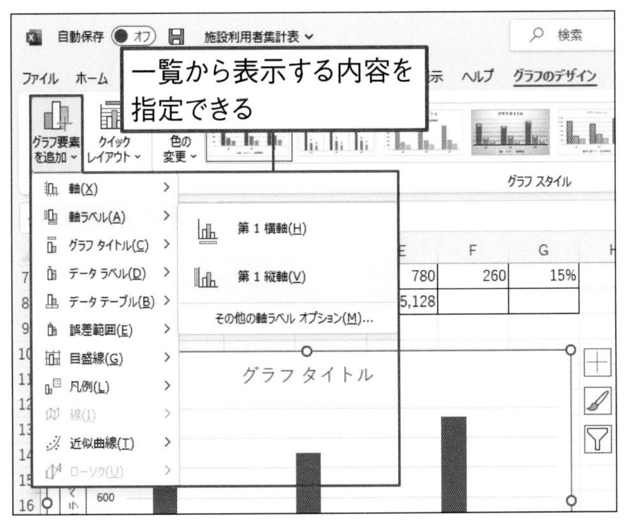

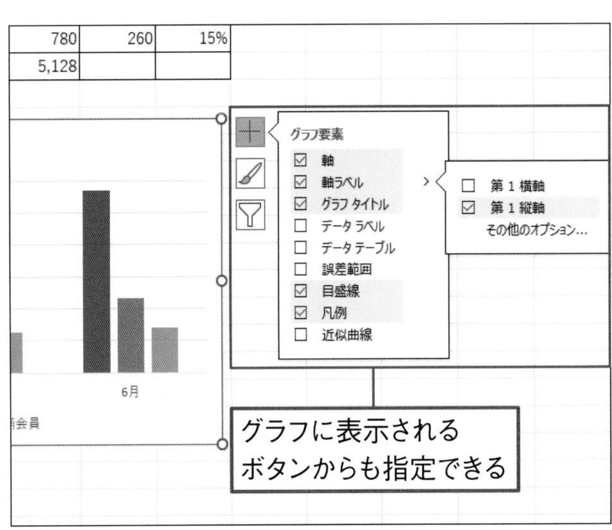

練習ファイル 10-01a　完成ファイル 10-01b

表からグラフを作ろう

表のデータを元にグラフを作成してみましょう。グラフを作成するときは、最初にグラフの元になるセル範囲を選択し、作成するグラフの種類を選択します。ここでは、基本的な棒グラフを作成します。

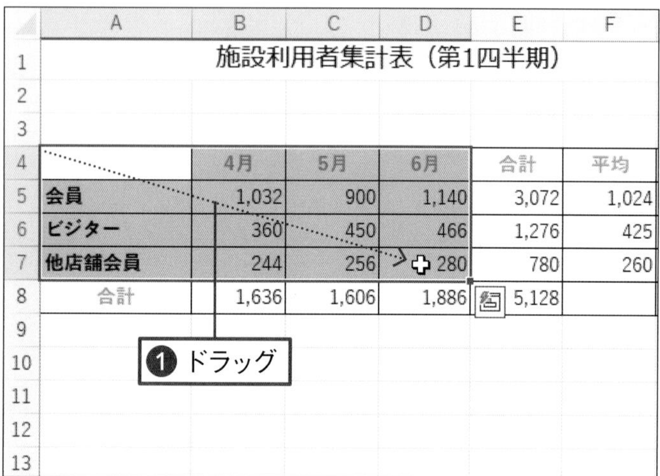

01 データを選択する

ここでは、会員種別ごとの月別の施設利用者の人数を比較する棒グラフを作成します。グラフにするセル範囲（ここでは、A4～D7セル）をドラッグして選択します❶。

Memo

E列の「合計」やF列の「平均」、8行目の「合計」などの値はグラフに表示しないため、選択しません。

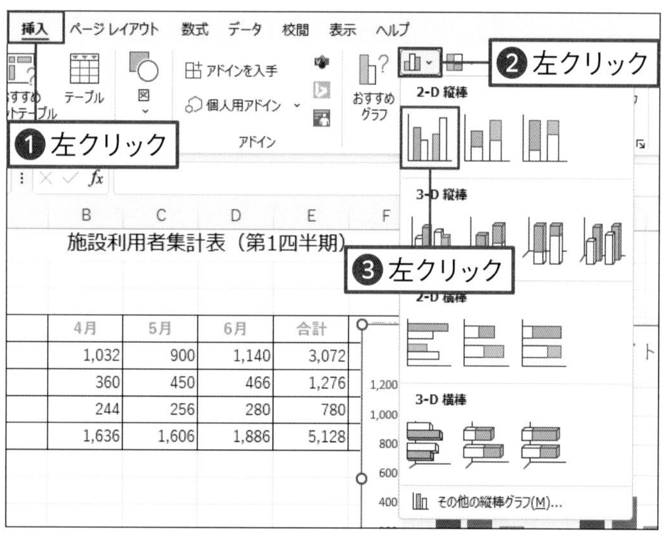

02 グラフの種類を選ぶ

［挿入］タブを左クリックします❶。（［縦棒／横棒グラフの挿入］ボタン）を左クリックします❷。ここでは、「2-D縦棒」の「集合縦棒」を左クリックします❸。

Memo

ここでは、棒グラフの中から「2-D縦棒」の「集合縦棒」のグラフを選択しています。

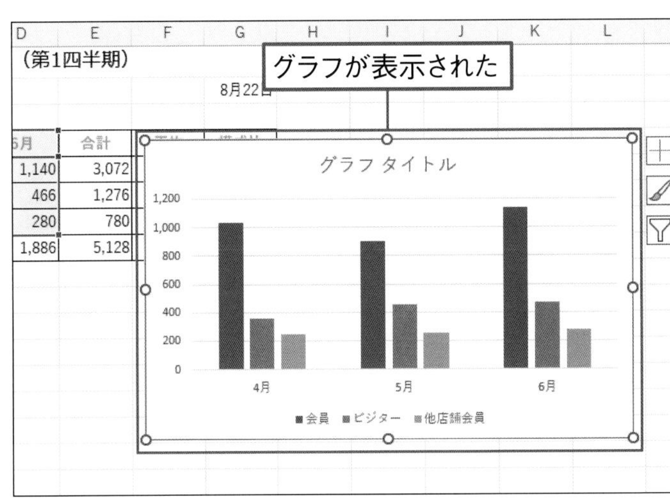

03 グラフが表示される

グラフが表示されました。

Memo

［挿入］タブの［グラフ］グループの ◲（［ダイアログボックス起動ツール］）を左クリックすると、グラフの種類を一覧から選択できます。

Check!

グラフを削除する

不要なグラフを削除するには、グラフの外枠部分を左クリックして❶、グラフ全体を選択します。続いて Delete キーを押します❷。すると、グラフ全体が削除されます。

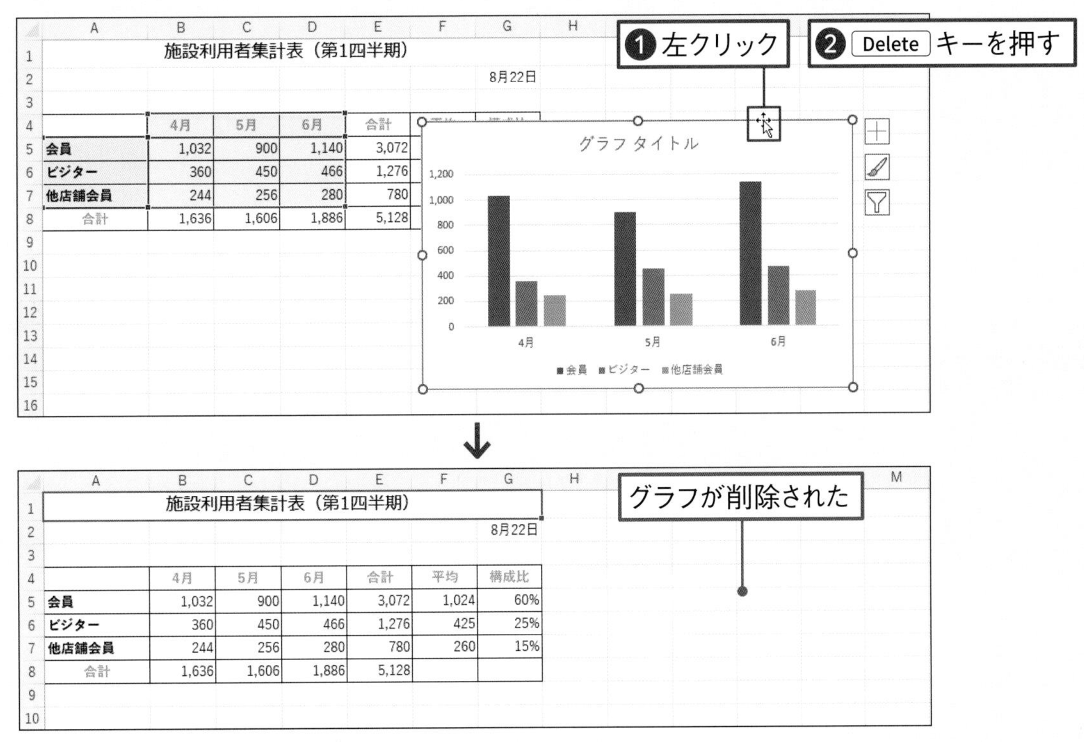

10-2

練習ファイル 10-02a 完成ファイル 10-02b

グラフの大きさや位置を変えよう

グラフの大きさや位置を整えます。ここでは、表の下にグラフが表示されるようにします。大きさを変更するときや移動するときは、マウスポインターの形に注意して操作します。

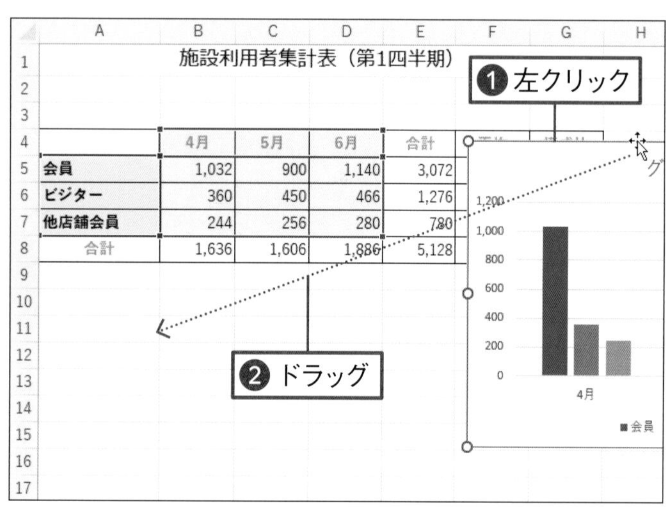

01 グラフを移動する

グラフの外枠部分を左クリックしてグラフ全体を選択します❶。そのままグラフの外枠を移動先までドラッグします❷。

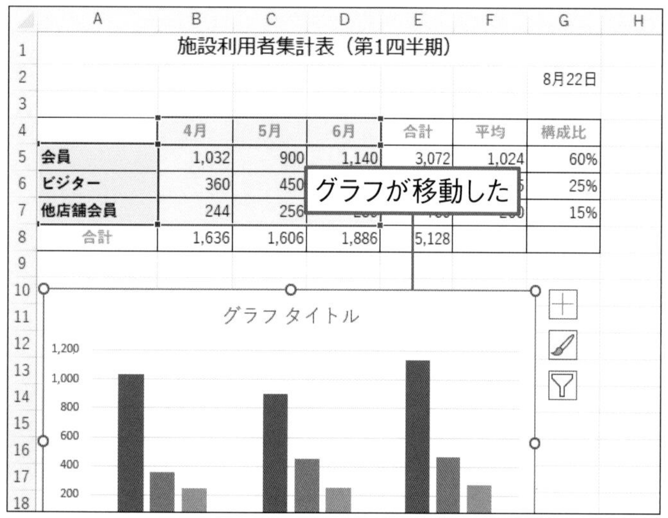

02 グラフが移動した

グラフが表の下に移動しました。

Memo

グラフを選択すると、グラフに表示するデータが入ったセル範囲に枠が表示されます。

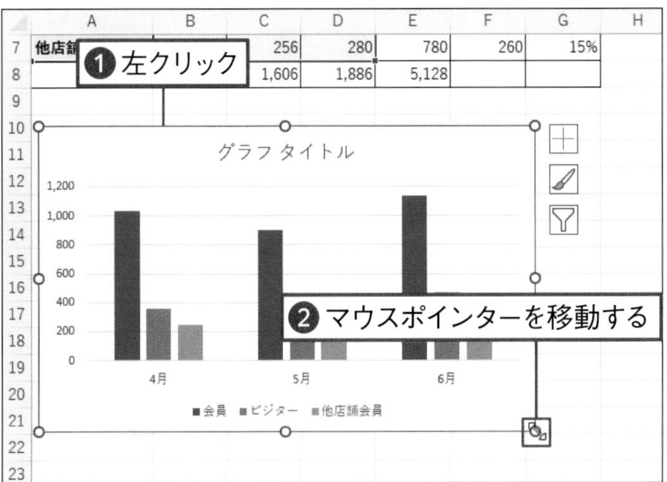

03 グラフを選択する

グラフの外枠部分を左クリックしてグラフ全体を選択します❶。グラフの周囲に表示される ○ のハンドルにマウスポインターを移動します❷。マウスポインターの形が ⤡ に変わります。

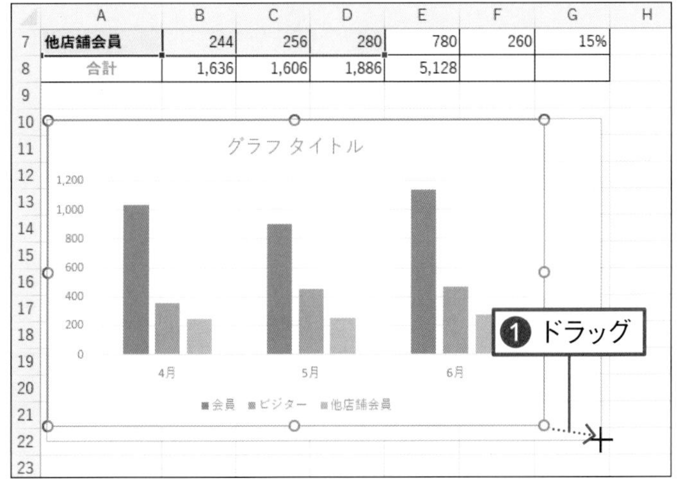

04 大きさを変更する

○ のハンドルをドラッグします❶。

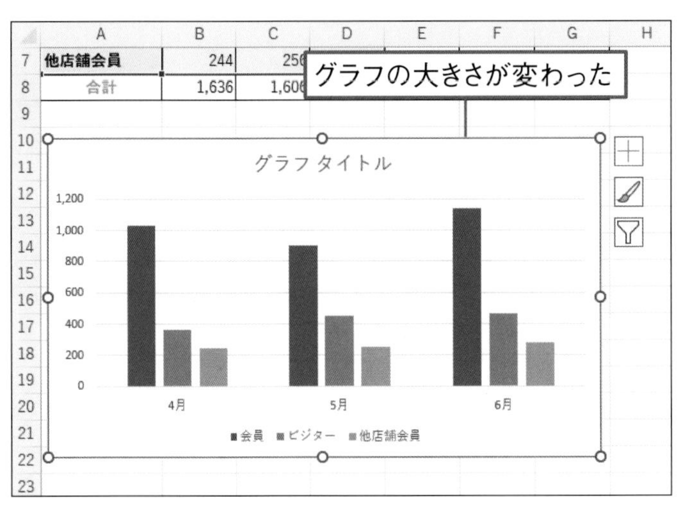

05 大きさが変わった

グラフの大きさが変更されました。

Memo

グラフの外側に向かってドラッグするとグラフが大きくなり、内側に向かってドラッグするとグラフが小さくなります。

10-3 グラフにラベルとタイトルを付けよう

練習ファイル 10-03a　完成ファイル 10-03b

グラフを構成する部品のことをグラフ要素といいます。ここでは、数値軸の横に、軸の単位を示す「軸ラベル」というグラフ要素を追加します。また、「グラフタイトル」にグラフの見出しを入力します。

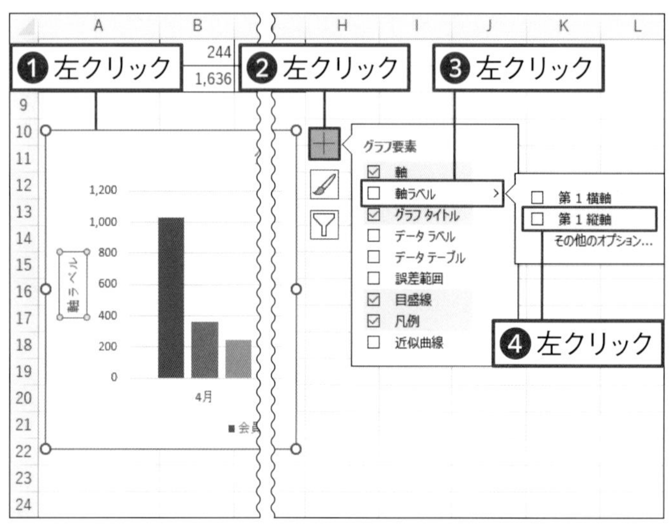

01 軸ラベルを表示する

グラフの外枠を左クリックしてグラフ全体を選択します❶。（［グラフ要素］ボタン）を左クリックします❷。軸ラベル 右側の ▸ を左クリックします❸。第 1 縦軸 を左クリックしてチェックを付けます❹。

Memo

グラフを選択し、［グラフのデザイン］タブの（［グラフ要素を追加］ボタン）からもグラフ要素の表示を指定できます。

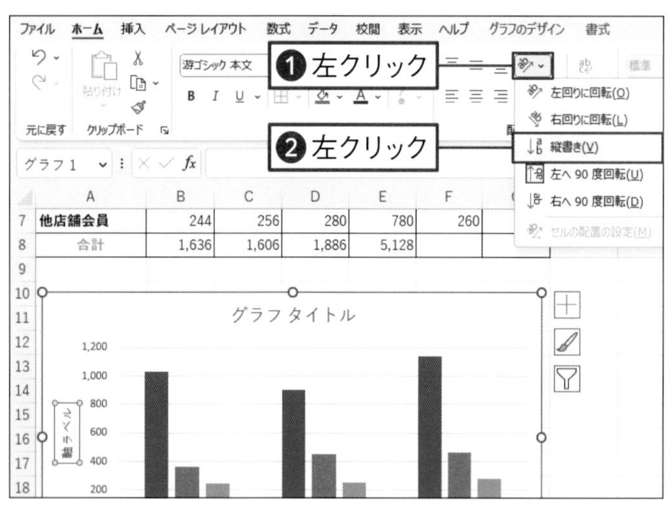

02 文字の方向を変更する

軸ラベルが表示されます。［ホーム］タブの（［方向］ボタン）を左クリックし❶、縦書き(V) を左クリックします❷。

Memo

第 1 縦軸の軸ラベルは、最初は横書きになっています。

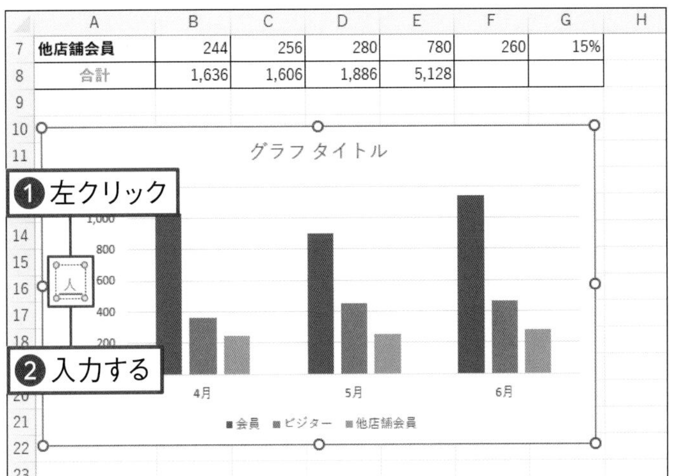

03 文字を入力する

「軸ラベル」と表示されている箇所を左クリックし❶、ラベルの文字を入力します❷。

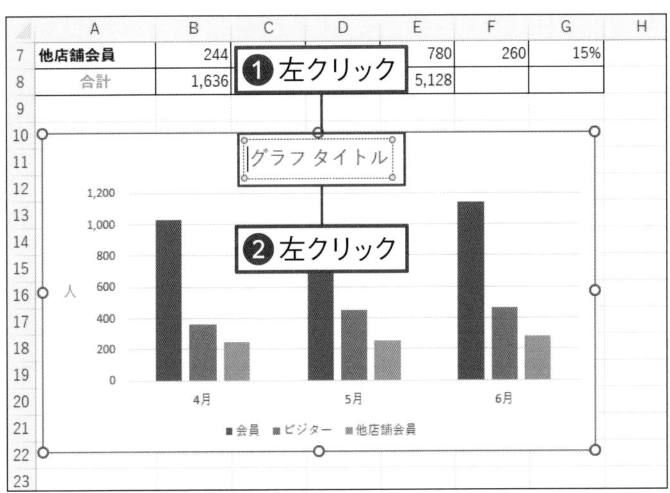

04 グラフタイトルを選択する

「グラフタイトル」と表示されている部分を左クリックします❶。もう一度左クリックし❷、文字カーソルを表示します。

Memo

グラフタイトルが表示されていない場合は、手順 01 の方法でグラフの要素の一覧を表示し、□ グラフ タイトル を左クリックしてチェックを付けます。

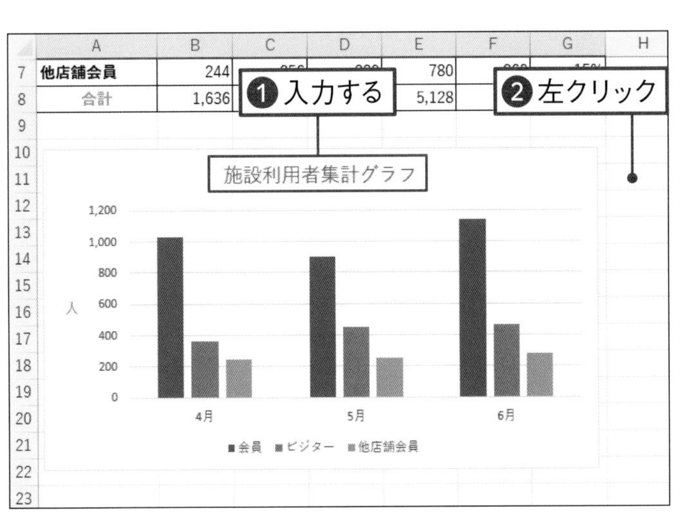

05 グラフタイトルを入力する

タイトルの文字（ここでは、「施設利用者集計グラフ」）を入力します❶。グラフ以外のセルを左クリックして❷、グラフの選択を解除します。

第10章 練習問題

1

グラフを作成するときに、最初にすることは何ですか?

1. 表を削除する
2. 表をコピーする
3. グラフの元になる表のセル範囲を選択する

2

グラフを移動するときにドラッグする場所はどこですか?

1. グラフを選択するとグラフの周囲に表示される ○
2. グラフの外枠
3. グラフタイトルが表示されているところ

3

グラフやラベルにタイトルを追加するときに左クリックするボタンはどれですか?

1. ＋
2. 🖌
3. ▽

Chapter 11

エクセルで印刷しよう

この章では、エクセルで作成した表やグラフを印刷する方法を紹介します。
エクセルの標準表示モードでは、用紙の区切りの位置が見えません。そのため、印刷前には、必ず印刷イメージを表示して、確認しましょう。

この章で学ぶこと

エクセルで印刷しよう

この章では、エクセルで作成した表やグラフを印刷する方法を紹介します。
印刷前には、印刷イメージを確認し、必要に応じて印刷時の設定を変更します。
用紙の向きやサイズを変更したり、改ページ位置を指定したりします。

印刷を実行する画面

印刷画面の右側には、印刷イメージが表示されます。印刷イメージを見ながら、左側で、印刷時の設定を変更できます。プリンターのプロパティ を左クリックすると、プリンターの設定画面が表示されます。ページ設定 を左クリックすると、「ページ設定」画面が表示されます。

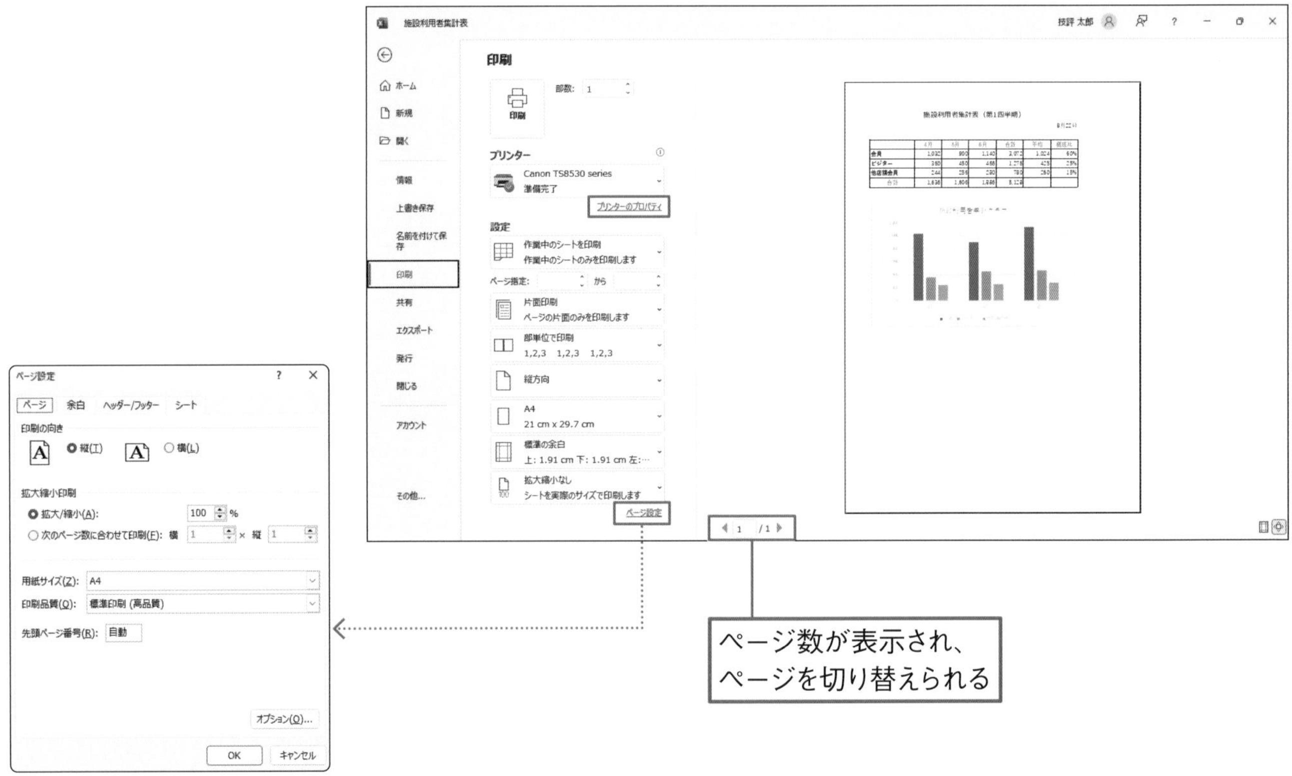

「ページレイアウト」タブの印刷設定

[ページレイアウト] タブにも、印刷時の設定を変更するボタンが並んでいます。[ページレイアウト] タブの ⧅ ([ダイアログボックス起動ツール]) を左クリックすると、[ページ設定] 画面が表示されます。

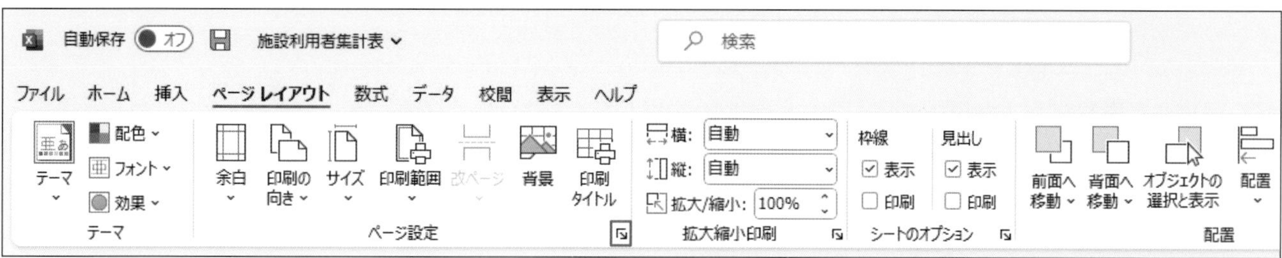

表示モードについて

エクセルでは、標準の表示モード以外にも、いくつかの表示モードがあります。[表示] タブで切り替えられます。

● ページレイアウト表示

印刷イメージを確認しながら、表やグラフを作成できる表示モードです。

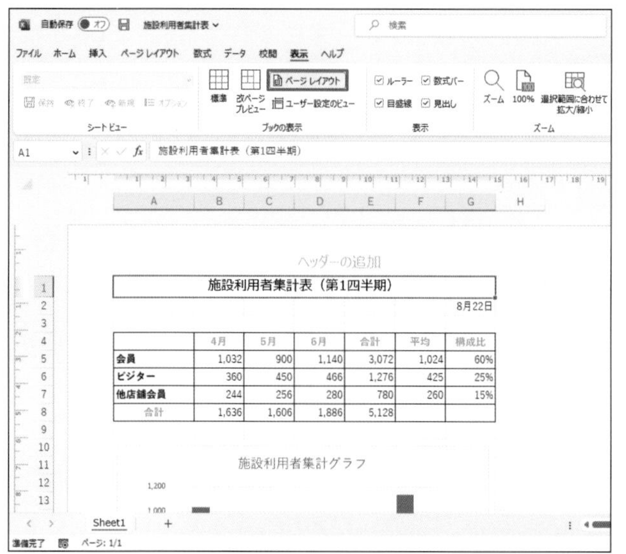

● 改ページプレビュー

改ページ位置を確認し、改ページ位置を調整できる表示モードです。

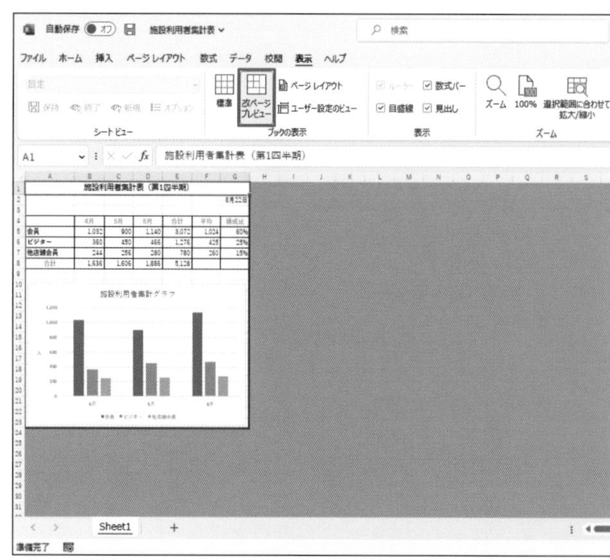

練習ファイル 11-01a 完成ファイル なし

表やグラフを印刷しよう

完成した表やグラフを印刷しましょう。まずは、印刷したときのイメージを表示し、複数ページにわたる場合は、ページを切り替えて確認します。印刷するプリンターや印刷する部数を確認して印刷を実行します。

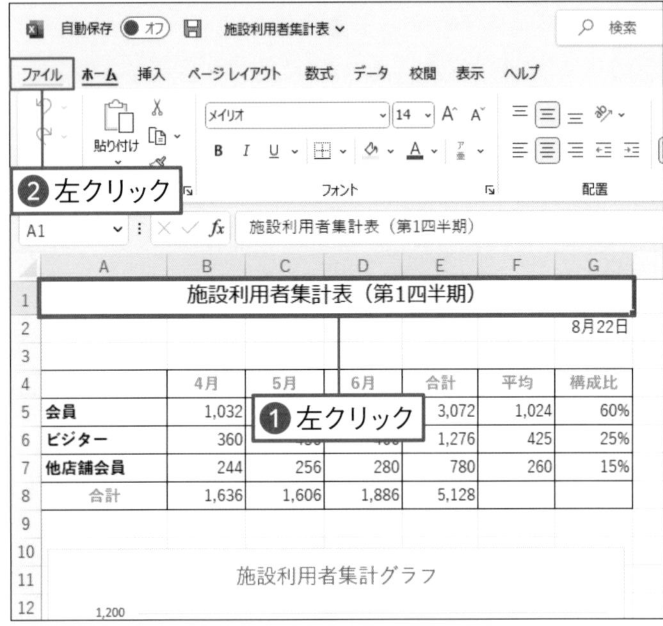

01 グラフ以外のセルを選択する

表やグラフを印刷する前に、画面上で印刷イメージを確認します。グラフ以外のセルを左クリックします❶。［ファイル］タブを左クリックします❷。

Memo

グラフを左クリックすると、グラフだけが印刷される設定になります。表とグラフを印刷するときは、グラフ以外のセルを左クリックします。

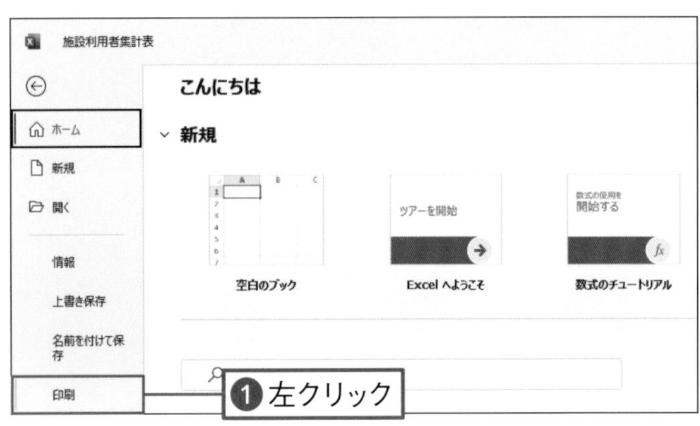

02 印刷イメージを表示する

［印刷］を左クリックします❶。

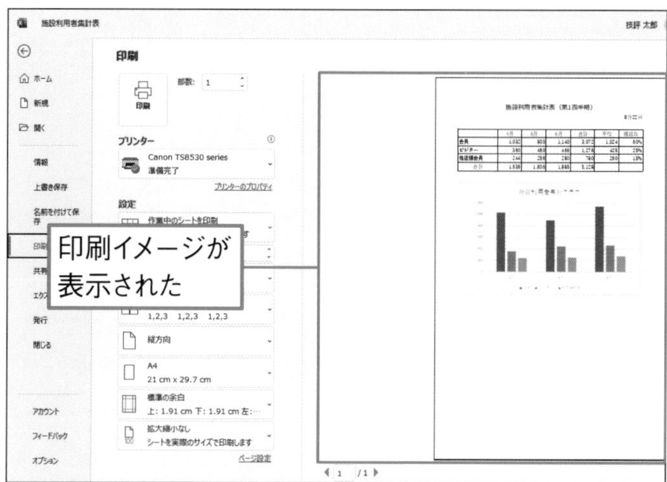

03 印刷イメージが表示された

印刷プレビュー画面に切り替わります。右側に印刷イメージが表示されます。

Memo

［プリンター］欄には、パソコンに接続しているプリンターの名前が表示されます。使用するプリンターが表示されていない場合は、プリンター名の右端の ⌄ を左クリックしてプリンターを選択します。

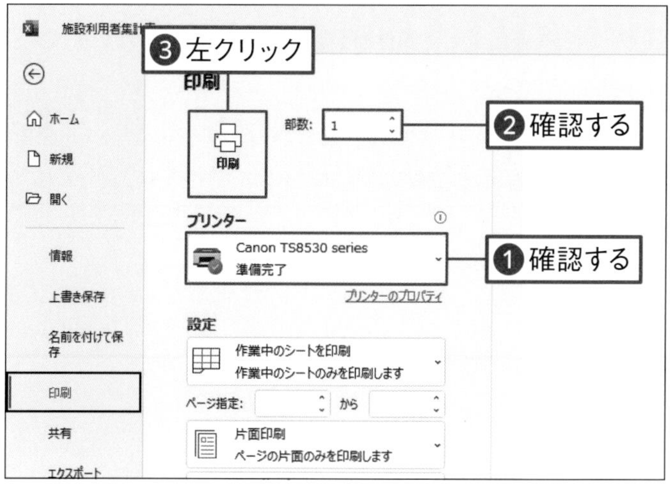

04 印刷を実行する

左側の［プリンター］にパソコンに接続されているプリンターが表示されていることを確認します❶。プリンターの電源が入っていることや用紙がセットされていることを確認します。印刷部数を確認します❷。（［印刷］ボタン）を左クリックすると❸、印刷が実行されます。

Check!

印刷イメージを大きく表示する

印刷イメージをページの幅に合わせて大きく表示するには、画面右下の（［ページに合わせる］ボタン）を左クリックします❶。もう一度（［ページに合わせる］ボタン）を左クリックすると、元の表示に戻ります。

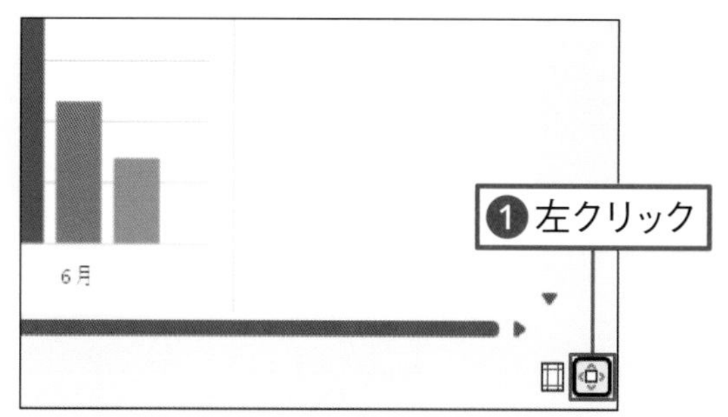

練習ファイル 11-02a　完成ファイル 11-02b

用紙の向きとサイズを変えよう

印刷時の用紙の向きやサイズを特に指定しない場合は、A4サイズを縦置きにした状態です。ここでは、用紙の向きを横、用紙サイズをB5にします。印刷時のイメージを確認しながら操作しましょう。

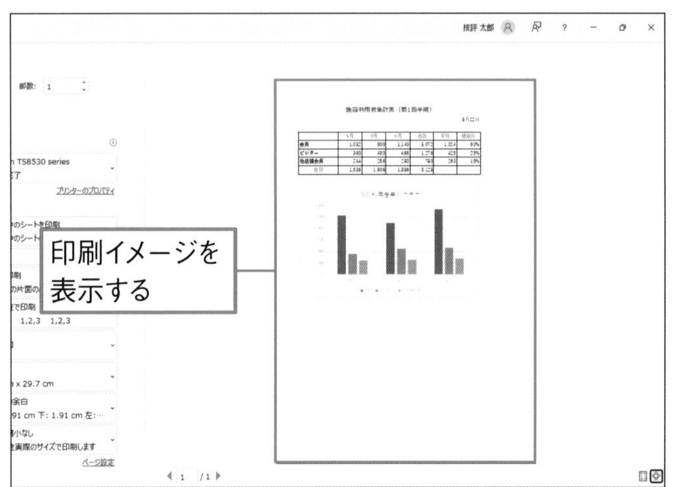

01 印刷イメージを表示する

180ページの方法で、印刷プレビュー画面を表示します。

情報
上書き保存
名前を付けて保存
印刷
共有
エクスポート
発行
閉じる
その他...
Canon TS8530 series
準備完了
プリンターのプロパティ
設定
作業中のシートを印刷
作業中のシートのみを印刷します
ページ指定: から
片面印刷
ページの片面のみを印刷します
部単位で印刷
1,2,3 1,2,3 1,2,3
縦方向
縦方向
横方向
拡大縮小なし
シートを実際のサイズで印刷します
ページ設定
1 /1
❶左クリック
❷左クリック

02 用紙の向きを変更する

左側の［縦方向］を左クリックし❶、表示されるメニューから［横方向］を左クリックします❷。

Memo

向きを元に戻したいときは、［横方向］を左クリックし、［縦方向］を左クリックします。

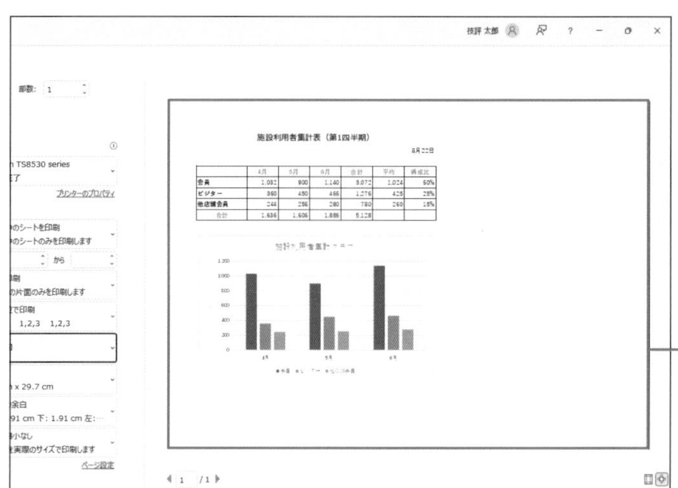

用紙の向きが変わった

03 用紙の向きが変わる

用紙が横向きになりました。

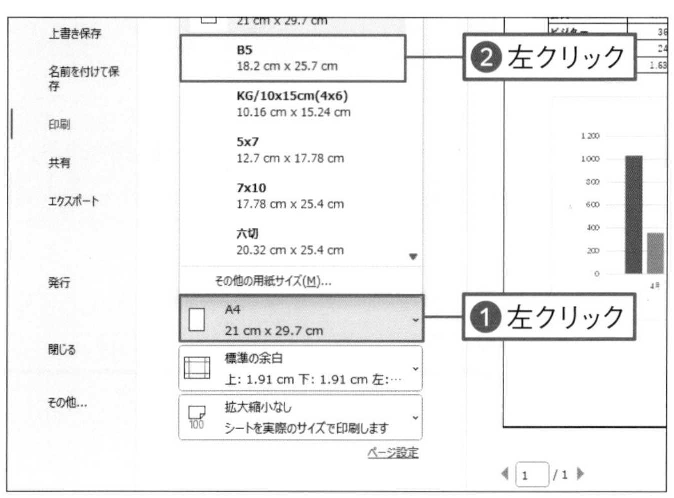

04 用紙のサイズを変更する

用紙のサイズを変更します。[A4 21 cm x 29.7 cm] を左クリックします❶。表示される用紙の一覧から、印刷したい用紙サイズを左クリックします❷。

Memo

一覧に表示される用紙サイズの種類は、お使いのプリンターによって異なります。

用紙のサイズが変わった

05 用紙のサイズが変わる

用紙サイズが指定したサイズに変わりました。

Memo

ここでは用紙サイズを小さくしたため、グラフの下側が欠けてしまいました。184ページの操作で1ページに収まるように調整します。

練習ファイル 11-03a 完成ファイル 11-03b

1ページに収めて印刷しよう

印刷イメージで表やグラフが少し欠けてしまう場合は、縮小して印刷しましょう。ここでは、2ページに分かれてしまったページを1枚に収めます。表やグラフを拡大／縮小して印刷できます。

ページを確認する

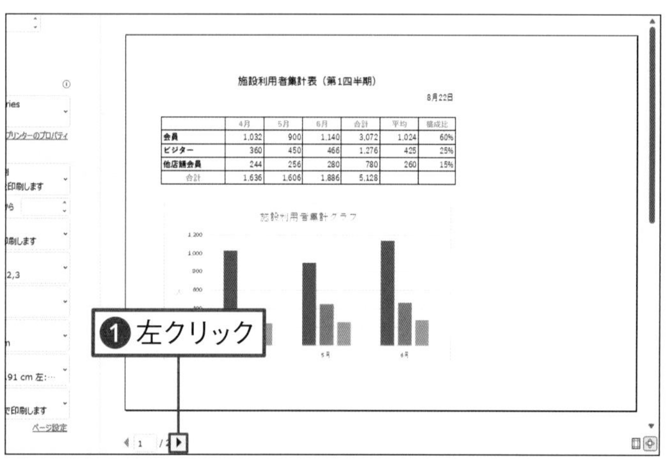

01 印刷イメージを表示する

180ページの方法で、印刷プレビュー画面を表示します。［1 /2］の右側の▶（［次のページ］ボタン）を左クリックします❶。

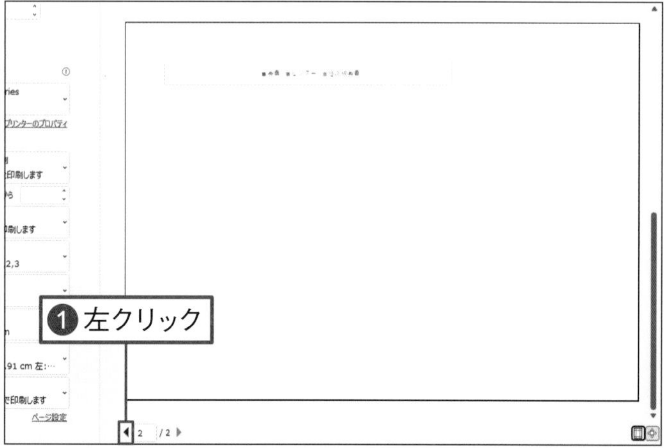

02 2ページ目が表示された

2ページ目が表示されます。グラフの下側が欠けて、次のページにあふれています。◀（［前のページ］ボタン）を左クリックして❶、元の画面に戻します。

Memo

1ページしかない場合は、▶（［次のページ］ボタン）は左クリックできません。

1ページ内に収める

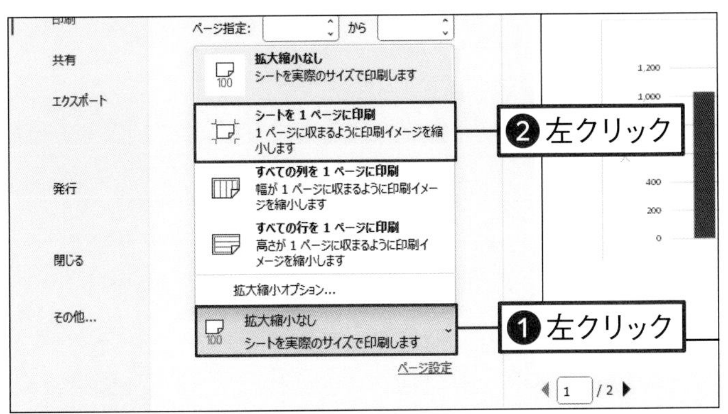

01 1ページに収まるように設定する

[拡大縮小なし] を左クリックします❶。表示されるメニューから [シートを1ページに印刷] を左クリックします❷。

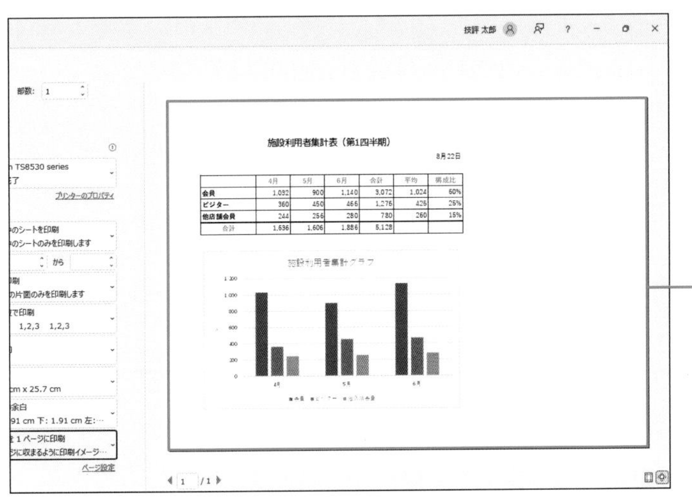

02 1ページに収まった

グラフの下側が1ページに収まりました。

Check!

表やグラフを拡大して印刷する

表やグラフを拡大したり縮小したりして印刷するには、印刷イメージの画面の右下の [ページ設定] を左クリックします❶。すると、［ページ設定］画面が表示されます。［ページ］タブの［拡大縮小印刷］で、拡大・縮小率を指定できます❷。[OK] を左クリックすると❸、拡大・縮小率が変わります。

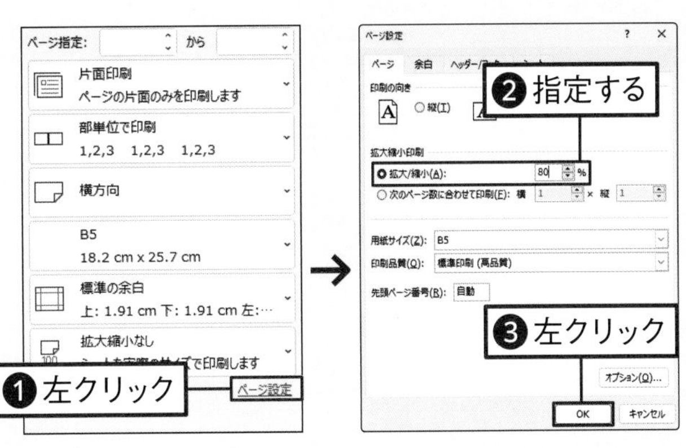

練習ファイル 11-04a　完成ファイル 11-04b

区切りのよいところで改ページしよう

中途半端なところでページが分かれてしまうと見づらいものです。 区切りのよいところで改ページする方法を知っておきましょう。 改ページを入れる箇所を選択し、 改ページ位置を追加します。

ページを確認する

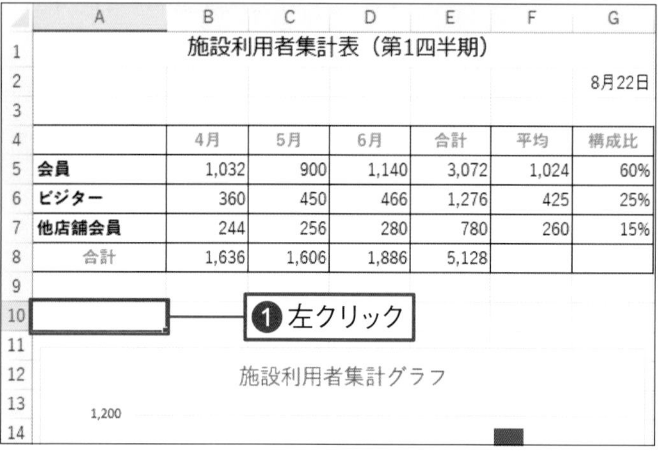

01 セルを選択する

改ページを入れたい箇所のセル（A10セル）を左クリックします❶。

Memo

ここでは、 9行目と10行目の間に改ページの指示を設定します。 表を1ページ目、 グラフが2ページ目に印刷されるようにします。

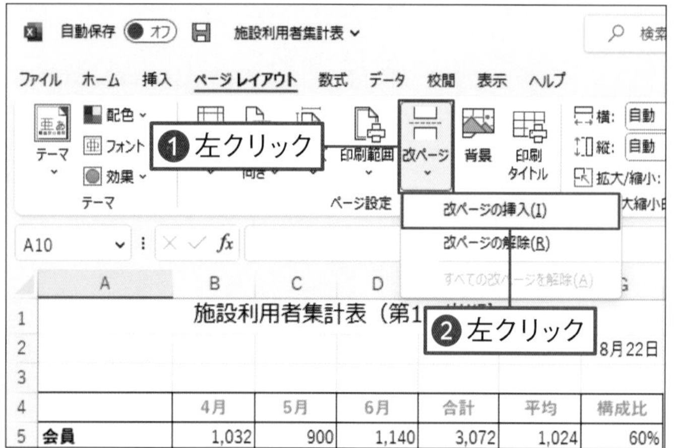

02 改ページを挿入する

［ページレイアウト］タブの（［改ページ］ボタン）を左クリックします❶。 改ページの挿入(I) を左クリックします❷。

Memo

表やグラフを1ページに収めて印刷する設定などを行っている場合（185ページ参照）は、 改ページの指示を入れても改ページされないので注意します。

	4月	5月	6月	合計	平均	構成比
会員	1,032	900	1,140	3,072	1,024	60%
ビジター	360	450	466	1,276	425	25%
他店舗会員	244	256	280	780	260	15%
合計	1,636	1,606	1,886	5,128		

03 改ページが挿入できた

手順 01 で選択したセル（A10セル）の上に改ページ位置を示す線が表示されます。

Memo

改ページ位置を示す線はエクセルの画面には表示されますが、印刷はされません。

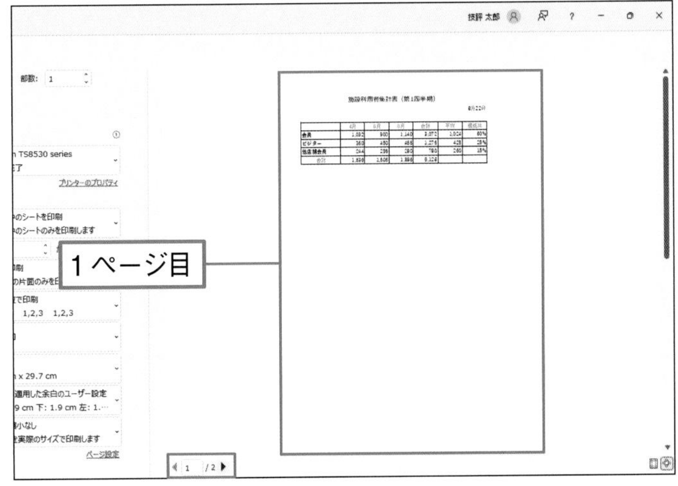

04 改ページ位置を確認する

180ページの方法で、印刷プレビュー画面を表示します。1 /2 の右側の ▶（［次のページ］）を左クリックします❶。

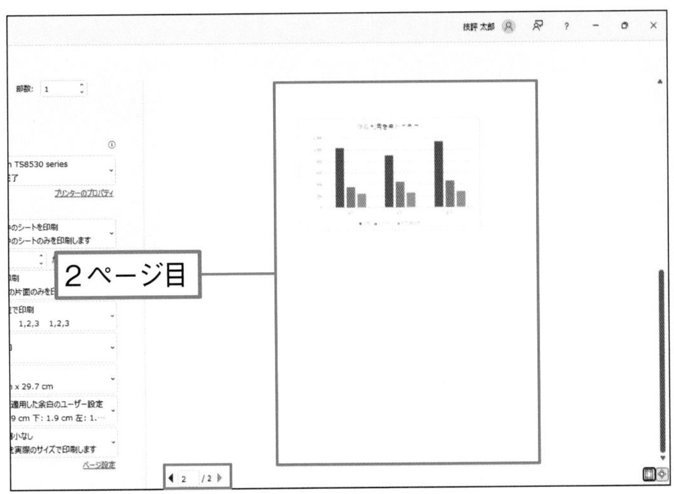

05 改ページ位置が確認できた

2ページ目が表示されます。指定した位置で改ページできました。

Memo

改ページを解除するときは、改ページを挿入したセルを選択し、手順 02 のメニューを表示し、［改ページの解除］を左クリックします。

第11章 練習問題

1

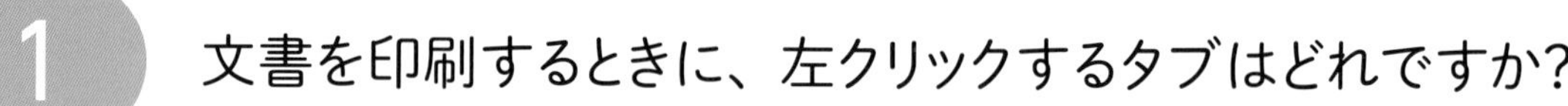

文書を印刷するときに、左クリックするタブはどれですか?

1 ファイル　2 ホーム　3 ページ レイアウト

2

表とグラフを並べて印刷するにはどうすればよいですか?

1 グラフを選択してから印刷する
2 グラフを削除してから印刷する
3 グラフ以外のセルを左クリックしてから印刷する

3

区切りのよいところで改ページをするときに、
左クリックするボタンはどれですか?

1 余白　2 サイズ　3

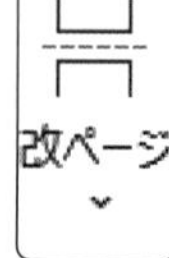

Chapter 12

ワードとエクセルを連携させよう

この章では、エクセルの表やグラフを、ワードの文章に貼り付けて利用する方法を紹介します。ポイントは、表やグラフを貼り付けるときに、貼り付ける形式の違いに注意して操作することです。元の表やグラフとの関係を保ったまま貼り付けるかを指定します。

この章で学ぶこと

ワードとエクセルを連携させよう

この章では、 エクセルで作成した表やグラフをコピーして、 ワードの文書に貼り付ける方法を紹介します。 貼り付けるときに、 貼り付け方法を指定します。
ここでは、 元のエクセルファイルとの関係を保ったまま貼り付けます。

表やグラフを貼り付ける

エクセルで作成した表やグラフを選択し、 ワードの文書に貼り付けます。

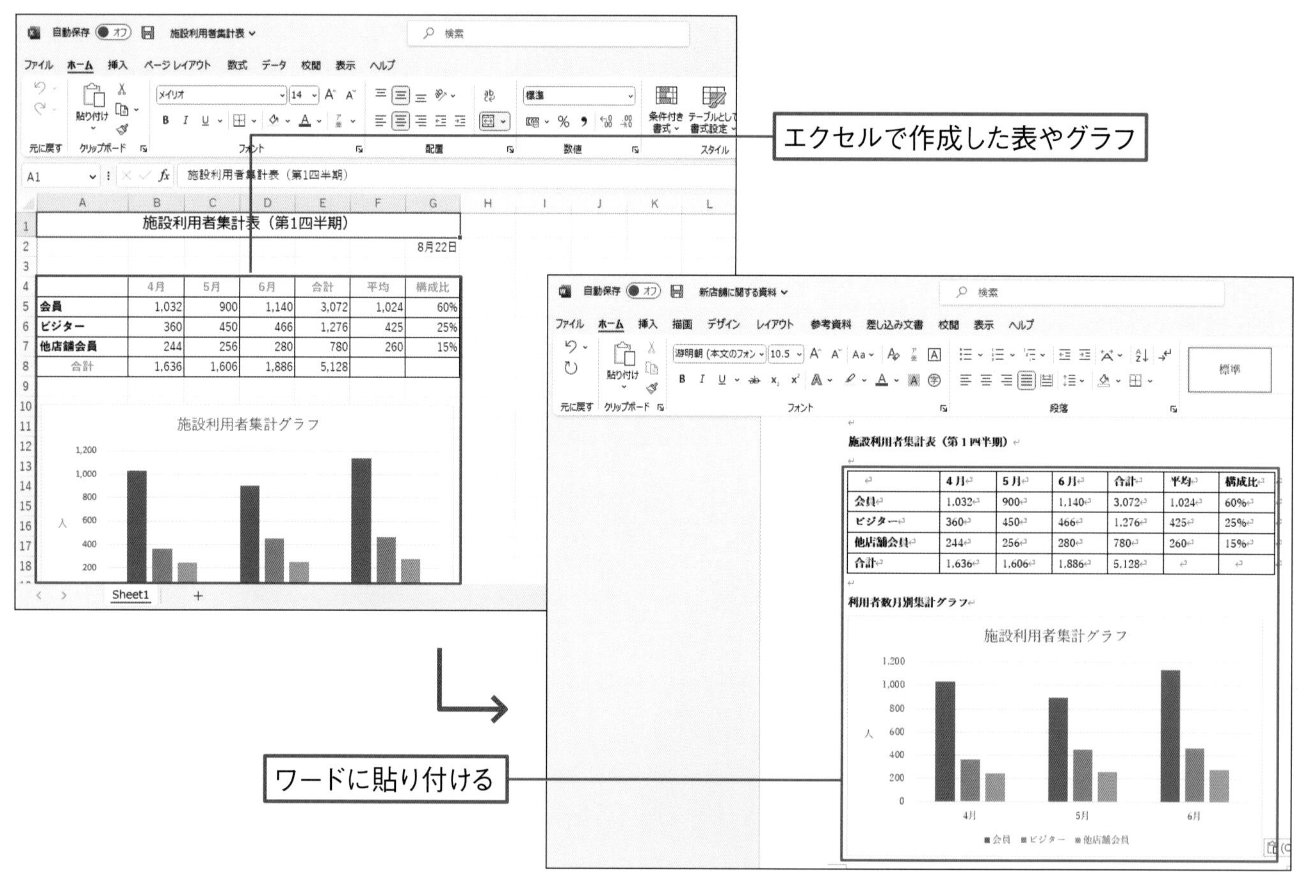

	4月	5月	6月	合計	平均	構成比
会員	1,032	900	1,140	3,072	1,024	60%
ビジター	360	450	466	1,276	425	25%
他店舗会員	244	256	280	780	260	15%
合計	1,636	1,606	1,886	5,128		

エクセルでデータを修正する

エクセルで作成した表のデータを変更すると、グラフにその変更が反映されます。 変更した内容は、ワード側に貼り付けた表やグラフにも反映させられます。

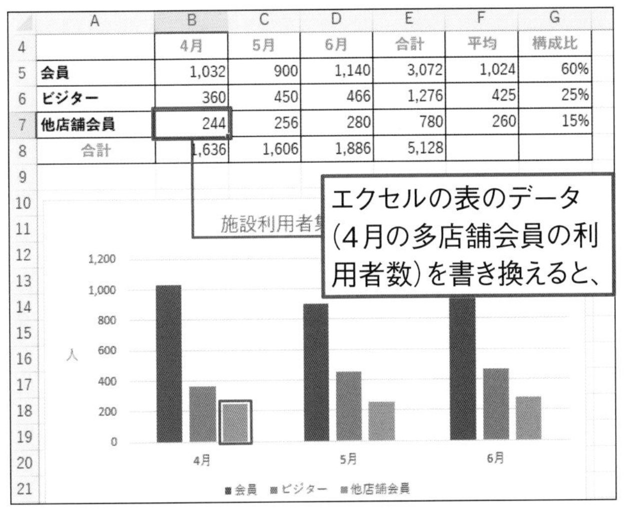

	4月	5月	6月	合計	平均	構成比
会員	1,032	900	1,140	3,072	1,024	60%
ビジター	360	450	466	1,276	425	25%
他店舗会員	244	256	280	780	260	15%
合計	1,636	1,606	1,886	5,128		

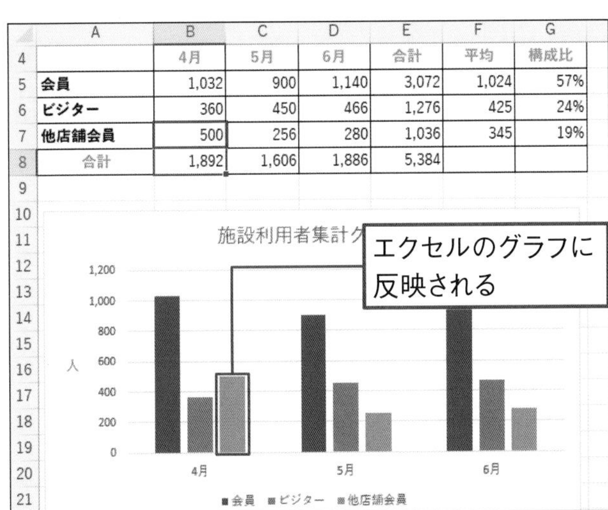

	4月	5月	6月	合計	平均	構成比
会員	1,032	900	1,140	3,072	1,024	57%
ビジター	360	450	466	1,276	425	24%
他店舗会員	500	256	280	1,036	345	19%
合計	1,892	1,606	1,886	5,384		

ワードで変更を反映させる

エクセルで作成した表やグラフを元のデータとの関係性を保ったまま貼り付けた場合、 エクセルの表やグラフを変更すると、 ワードに貼り付けた表やグラフの内容も変わります。

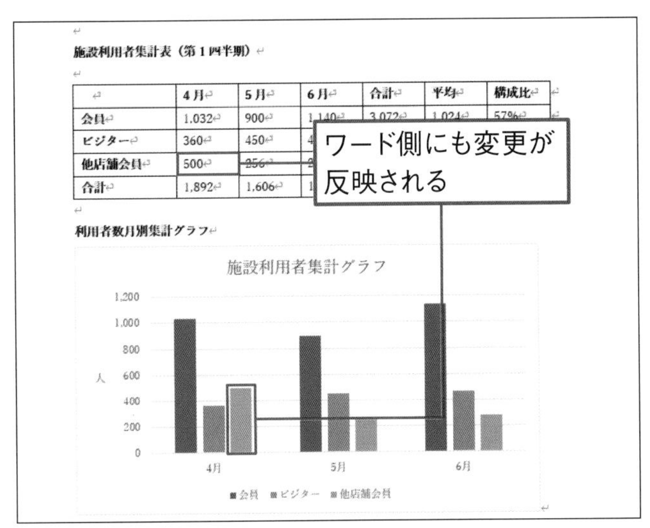

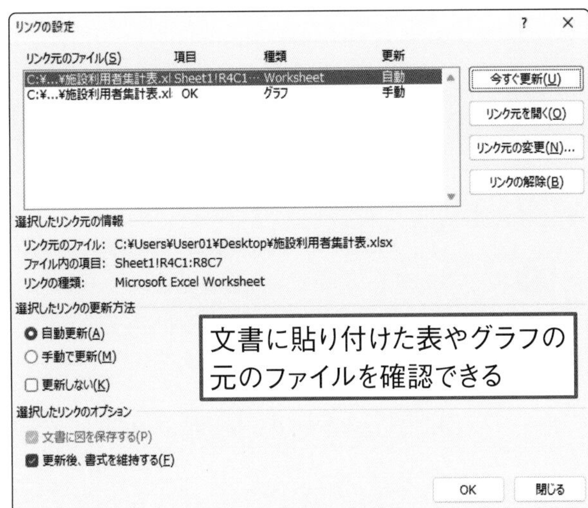

練習ファイル 12-01a 完成ファイル なし

文書に表を貼り付けよう

エクセルの表をワードの文書に貼り付けて利用できます。表を貼り付けるときには、どのような形式で貼り付けるかを選択できます。ここでは、元のデータとの関係性を保つリンク貼り付けを使います。

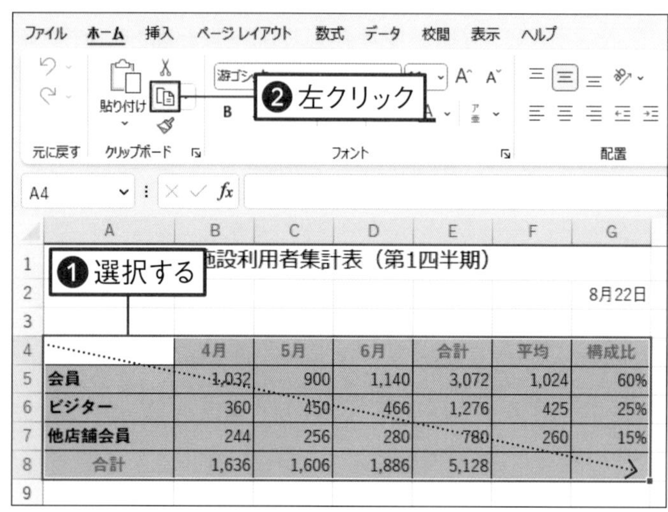

01 エクセルの表をコピーする

エクセルを起動し、ワードに貼り付ける表のセル範囲（A4～G8セル）を選択します❶。［ホーム］タブの（［コピー］ボタン）を左クリックします❷。

2. 第1四半期の施設利用者について
第1四半期の利用者数は、以下の通りです。当初想定していた
くなっています。

施設利用者集計表（第1四半期）

利用者数月別集計グラフ

❶左クリック

他店舗からの利用者を増やすために行うこと。
- 他店舗でのパンフレットの設置
- SNSでの告知
- アプリを通じてクーポン配信

3. 今後の展開について

02 貼り付け先を選択する

ワードを起動し、コピーした表を貼り付ける箇所を左クリックします❶。

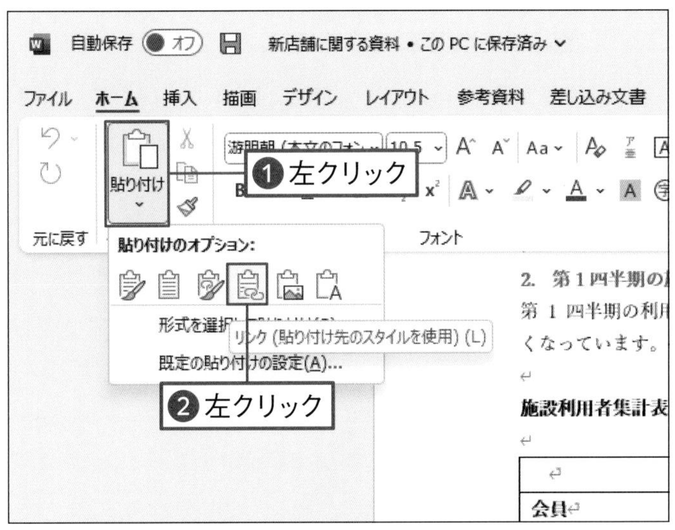

03 貼り付ける形式を選択する

（［貼り付け］ボタン）の下側の を左クリックします❶。貼り付ける形式を選びます。ここでは、（［リンク（貼り付け先のスタイルを使用）］）を左クリックします❷。

Memo

リンク貼り付けを選択すると、コピー元のファイルとの関連付けが設定されます。コピー元のエクセルの表に変更があったとき、ワード側に貼り付けた表を更新できます。

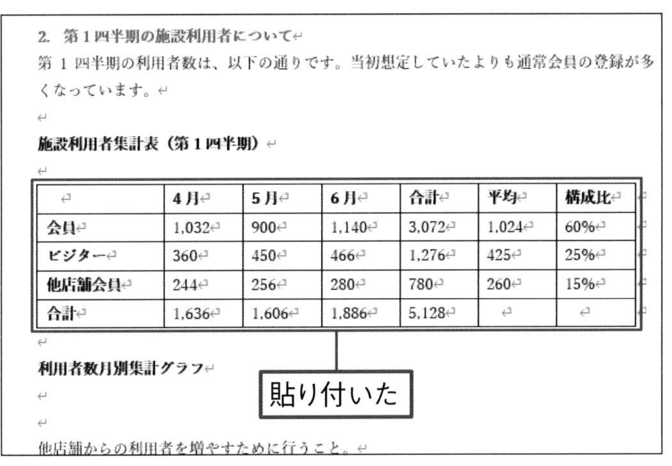

2. 第１四半期の施設利用者について

第 1 四半期の利用者数は、以下の通りです。当初想定していたよりも通常会員の登録が多くなっています。

施設利用者集計表（第１四半期）

	4月	5月	6月	合計	平均	構成比
会員	1,032	900	1,140	3,072	1,024	60%
ビジター	360	450	466	1,276	425	25%
他店舗会員	244	256	280	780	260	15%
合計	1,636	1,606	1,886	5,128		

利用者数月別集計グラフ

他店舗からの利用者を増やすために行うこと。

04 表が貼り付いた

コピーした表がワードに貼り付きました。

Memo

コピー元の表に変更があったときに、表の内容を更新する方法は、198～199ページで紹介します。

Check!

貼り付ける形式をあとで指定する

手順03で、（［貼り付け］ボタン）を左クリックすると、既定の形式で表が貼り付きます。表を貼り付けた直後に表示される (Ctrl)（［貼り付けのオプション］）を左クリックすると❶、貼り付けるときの形式を選択できます。

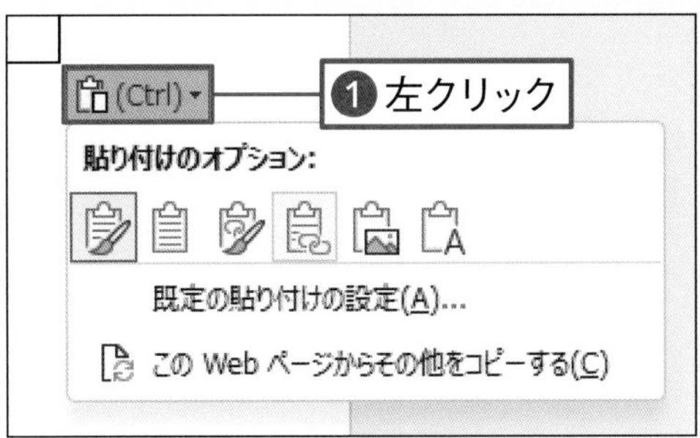

12-2

練習ファイル 12-02a　完成ファイル なし

文書にグラフを貼り付けよう

前のSectionでは、エクセルの表をワードに貼り付ける方法を紹介しましたが、
グラフも同様に利用できます。ここでは、元のデータとの関係性を保つリンク貼り付けを指定します。

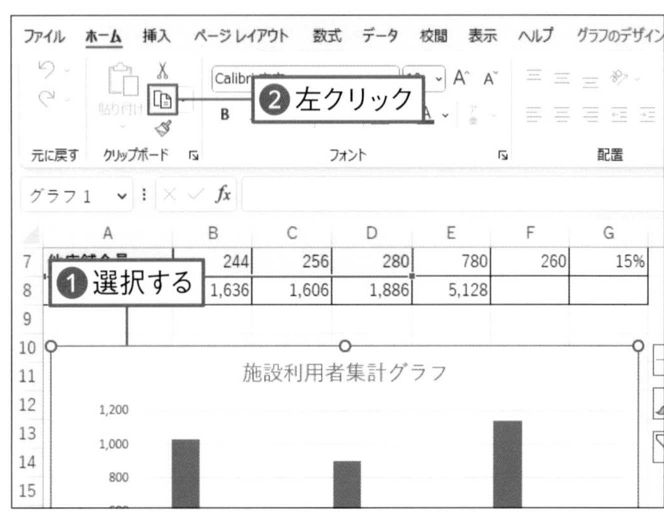

01 エクセルのグラフをコピーする

エクセルを起動し、ワードに貼り付けるグラフを左クリックして選択します❶。［ホーム］タブの（［コピー］ボタン）を左クリックします❷。

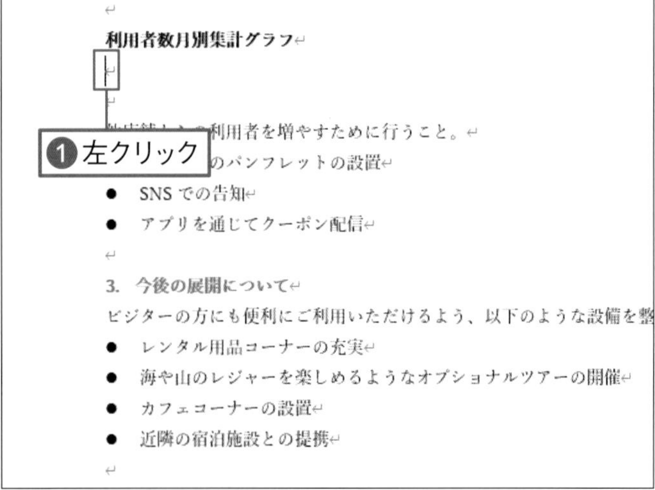

02 貼り付け先を選択する

ワードを起動し、コピーしたグラフを貼り付ける箇所を左クリックします❶。

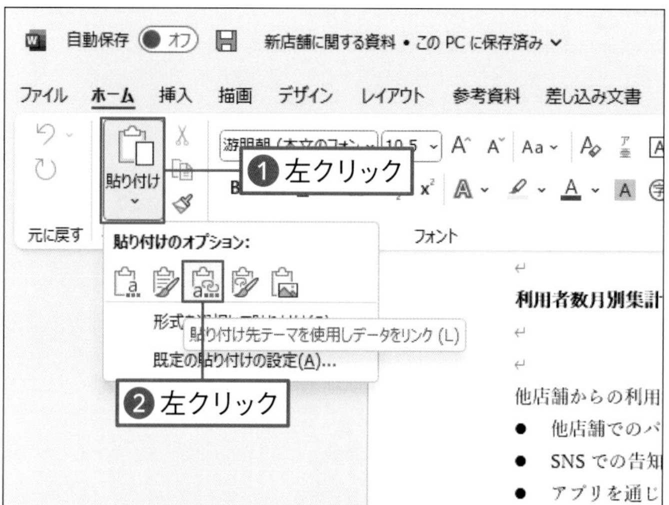

03 貼り付ける形式を選択する

（［貼り付け］ボタン）の下側の を左クリックします❶。貼り付ける形式を選びます。ここでは、（［貼り付け先テーマを使用しデータをリンク］）を左クリックします❷。

Memo

リンク貼り付けを選択すると、コピー元のファイルとの関連付けが設定されます。コピー元のエクセルのグラフに変更があったとき、ワード側に貼り付けたグラフを更新できます。

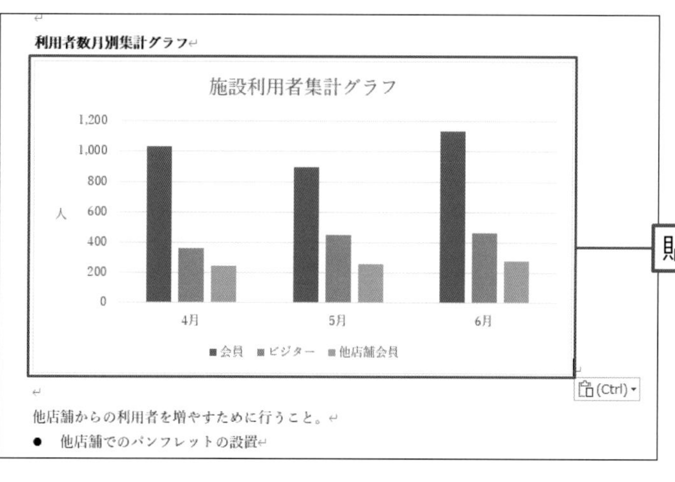

04 グラフが貼り付いた

コピーしたグラフがワードに貼り付きました。

Memo

コピー元の表に変更があったときに、表の内容を更新する方法は、198～199ページで紹介します。

Check!

貼り付ける形式をあとで指定する

手順 03 で、（［貼り付け］ボタン）を左クリックすると、既定の形式でグラフが貼り付きます。グラフを貼り付けた直後に表示される （［貼り付けのオプション］）を左クリックすると❶、貼り付けるときの形式を選択できます。

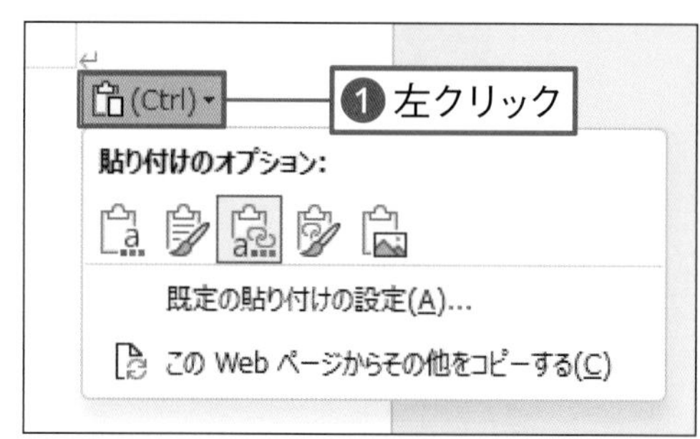

第12章 ワードとエクセルを連携させよう

練習ファイル 12-03a　完成ファイル なし

表の更新を文書に反映させよう

エクセルの表やグラフをワードにリンク貼り付けした場合、 元のエクセルファイルの変更をワード側にも反映させられます。 ここでは、 エクセルの表を修正してワード側で変更を確認します。

エクセルの表を変更する

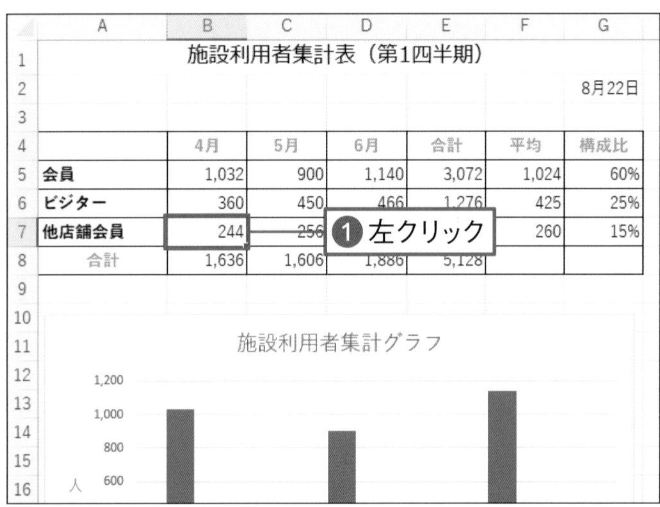

	4月	5月	6月	合計	平均	構成比
会員	1,032	900	1,140	3,072	1,024	60%
ビジター	360	450	466	1,276	425	25%
他店舗会員	244	256			260	15%
合計	1,636	1,606	1,886	5,128		

01 セルを選択する

事前準備として、192～195ページの方法で、 エクセルの表やグラフを、 ワードにリンク貼り付けの方法で貼り付けておきます。 エクセルを起動し、 ワードに貼り付けた表やグラフを含む元のエクセルファイルを開きます。 ここでは、 他店舗会員の4月の人数の数値を変更します。B7セルを左クリックします❶。

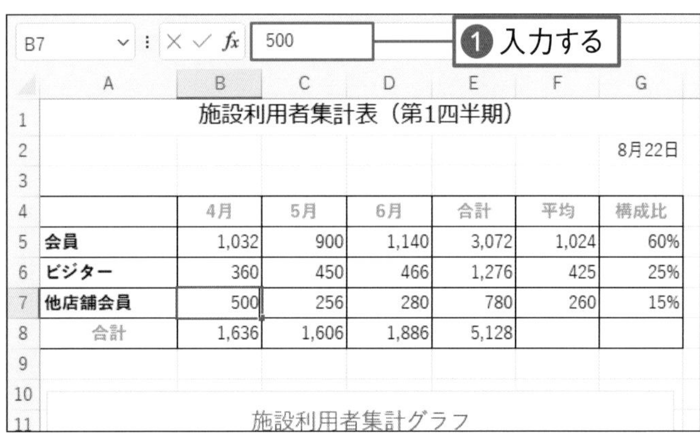

	4月	5月	6月	合計	平均	構成比
会員	1,032	900	1,140	3,072	1,024	60%
ビジター	360	450	466	1,276	425	25%
他店舗会員	500	256	280	780	260	15%
合計	1,636	1,606	1,886	5,128		

02 データを修正する

「244」の値を「500」に修正します。「500」と入力します❶。

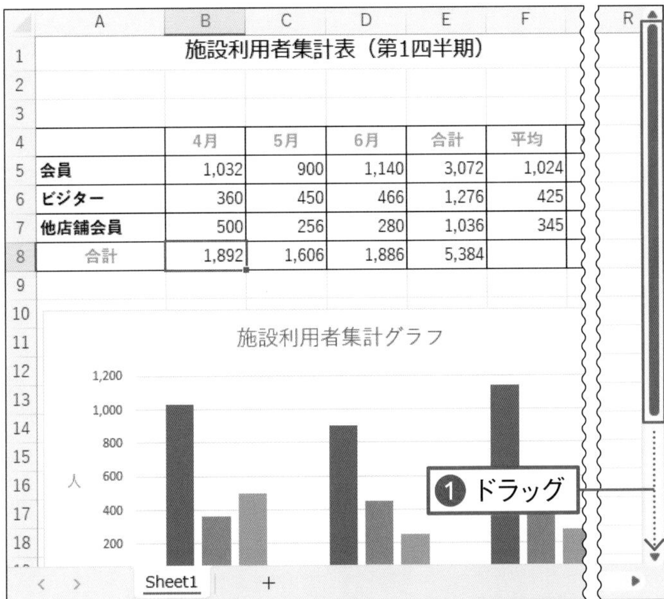

	4月	5月	6月	合計	平均
会員	1,032	900	1,140	3,072	1,024
ビジター	360	450	466	1,276	425
他店舗会員	500	256	280	1,036	345
合計	1,892	1,606	1,886	5,384	

03 数値が変わった

表の数値が変更されました。スクロールバーをドラッグして画面を下にずらします❶。

Memo

リンク貼り付けを選択すると、コピー元のファイルとの関連付けが設定されます。コピー元のエクセルのグラフに変更があったとき、ワード側に貼り付けたグラフを更新できます。

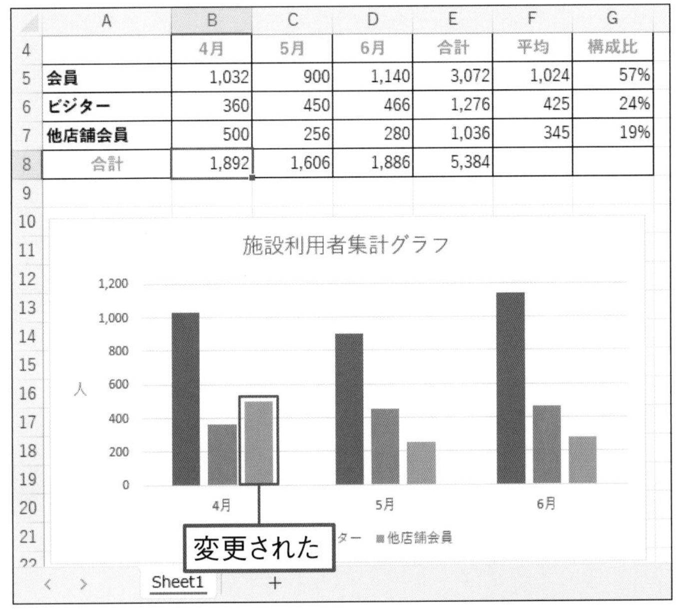

	4月	5月	6月	合計	平均	構成比
会員	1,032	900	1,140	3,072	1,024	57%
ビジター	360	450	466	1,276	425	24%
他店舗会員	500	256	280	1,036	345	19%
合計	1,892	1,606	1,886	5,384		

04 グラフも変わった

表の数値の変更に伴い、表を元に作成したグラフの内容も変更されました。

Memo

コピー元の表に変更があったときに、表の内容を更新する方法は、198～199ページで紹介します。

ワードのファイルを確認する

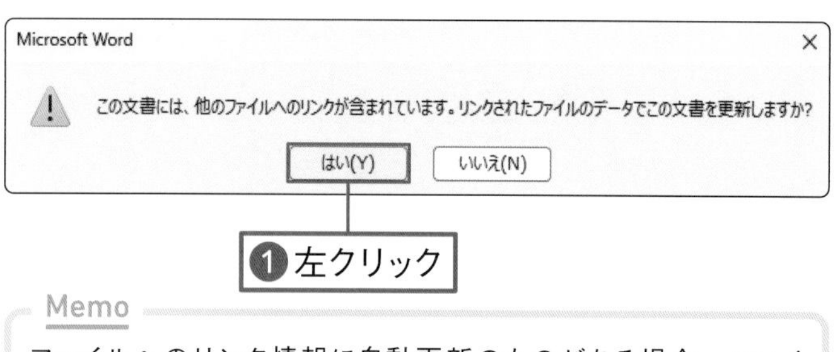

Memo

ファイルへのリンク情報に自動更新のものがある場合、ファイルを開くと、メッセージが表示されます。元の表やグラフの変更を反映させるかどうか選択できます。

01 ファイルを開く

ワードを起動し、エクセルの表やグラフをリンク貼り付けしたワードのファイルを開きます。次のようなメッセージが表示されます。ここでは、リンク元ファイルの変更を反映させます。 はい(Y) を左クリックします❶。

主な施設：「ラウンジ」「大型ロッカー」「スタジオ」「シャワー室」「観光案内コーナー」

2. 第１四半期の施設利用者について

第１四半期の利用者数は、以下の通りです。当初想定していたよりも通常会員の登録が多くなっています。

施設利用者集計表（第１四半期）

	4月	5月	6月	合計	平均	構成比
会員	1,032	900	1,140	3,072	1,024	57%
ビジター	360	450	466	1,276	425	24%
他店舗会員	500	256	280	1,036	345	19%
合計	1,892	1,606	1,886	5,384		

変更された

利用者数月別集計グラフ

施設利用者集計グラフ

02 表の値を確認する

リンク貼り付けした表を確認します。数値が変更されています。

Memo

表の内容が変更されない場合、表内の数値を右クリックして リンク先の更新(D) を左クリックすると、更新されます。

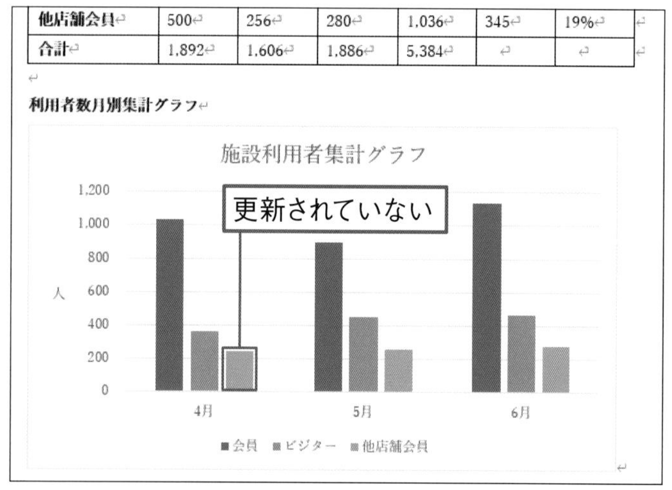

03 グラフを確認する

リンク貼り付けしたグラフを確認します。ここでは、グラフの内容は、まだ更新されていません。

リンクの設定を確認する

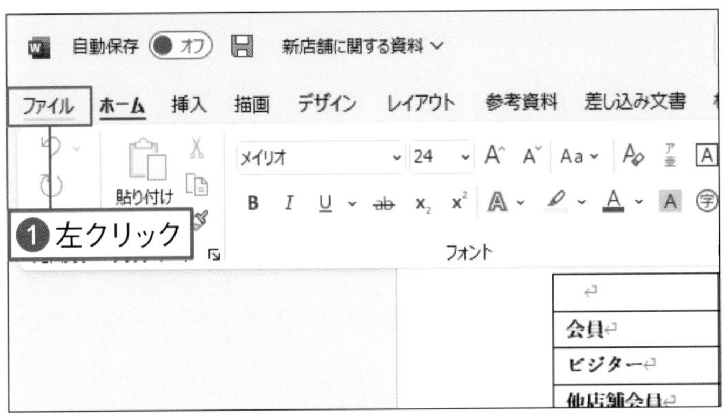

01 [ファイル]タブを左クリックする

ワードを起動し、リンク情報が含まれるファイルを開きます。[ファイル]タブを左クリックします❶。

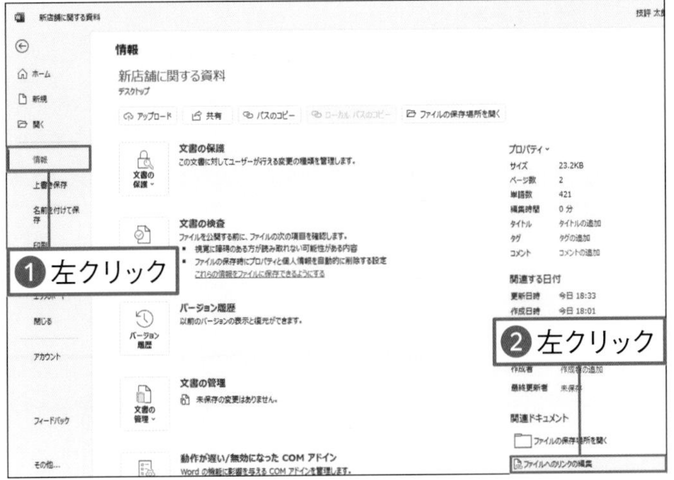

02 設定画面を開く

情報 を左クリックします❶。
ファイルへのリンクの編集 を左クリックします❷。

Memo

リンク情報が含まれないファイルの場合、ファイルへのリンクの編集 は表示されません。

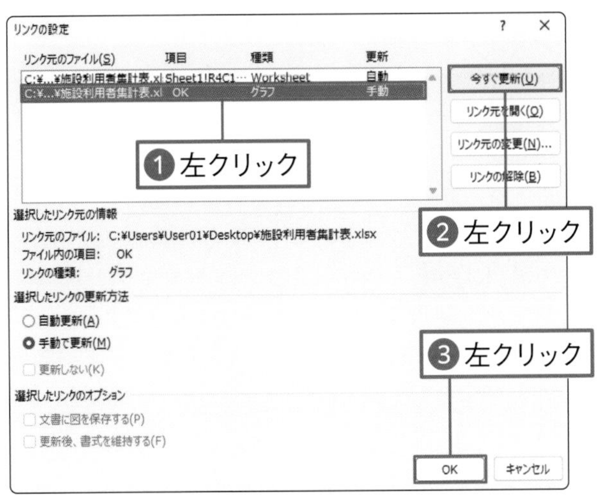

03 更新する

リンク元ファイルの情報が表示されます。リンク元の変更を更新するには、リンク情報を左クリックし❶、今すぐ更新(U) を左クリックします❷。OK を左クリックします❸。

Memo

リンク元ファイルの保存先などが変更された場合などでは、[リンク元の変更]を左クリックしてリンク元ファイルを指定します。

練習問題の解答・解説

第1章

1 正解 1

タスクバーの 1 を左クリックすると、スタートメニューが表示されます。スタートメニューからワードなどのアプリを起動できます。2 は、日本語入力モードの状態を変更したり確認したりするときに使用します。3 を左クリックすると、パソコンに保存したファイルを確認するエクスプローラーの画面を表示します。

2 正解 2

2 を左クリックすると、文書が上書き保存されます。一度も保存していない文書の場合は、保存する画面が表示されます。1 を左クリックすると、ワードが閉じます。3 を左クリックすると、ワードのウィンドウが小さく表示されます。

3 正解 1

1 のタブを左クリックすると、Backstageビューという画面が開きます。Backstageビューでは、ファイルに関する基本操作を行えます。2 のタブは、文字に飾りを付けるなど頻繁に使用するボタンが並びます。3 のタブは、文書に写真を追加するときなどに使います。

第2章

1 正解 1

文字が入力される位置を示す文字カーソルは 1 です。2 は、段落の区切りを示す段落記号です。3 は、マウスのカーソル位置を示します。

2 正解 1

漢字を入力するときは、よみがなを入力して 1 のキーを押して変換します。2 は、入力中の文字を決定したり、改行したりするときに使用します。3 は、文字カーソルの右の文字を削除します。

3 正解 2

選択した文字を切り取るには、[ホーム] タブの 1 を左クリックします。選択した文字をコピーするには、2 を左クリックします。切り取った文字やコピーした文字を貼り付けるには、貼り付ける場所を左クリックし、3 を左クリックします。

第3章

1 正解 3

文字を選択した後、[ホーム] タブの 1 を左クリックすると、文字が太字になります。2 を左クリックすると、文字が斜体になります。3 を左クリックすると、文字に下線が付きます。

2 正解 2

文字の書式をコピーするには、目的の書式が設定されている文字を選択して[ホーム]タブの2を左クリックし、続いて、コピー先の文字をドラッグします。1は、選択した文字の色を変更します。3は、選択した文字の書式を削除します。

3 正解 1

選択した段落を中央に揃えるには、[ホーム]タブの1を左クリックします。2を左クリックすると、選択した段落が右に揃います。3は、選択した文字を指定した文字数分に均等に割り付けるときに使用します。

第4章

1 正解 1

パソコンに保存してある写真を文書に入れるには、1を左クリックして、保存先の場所とファイルを指定します。2は、ストック画像という素材集のような機能を利用してイラストや写真を追加します。3は、インターネット上のイラストや写真を検索します。

2 正解 2

図形の大きさを変更するには、図形を選択すると周囲に表示される2のハンドルをドラッグします。1をドラッグすると、図形が回転します。3をドラッグすると、図形の形を変更できます。

3 正解 2

アイコンを検索して追加するには、[挿入]タブの2を左クリックします。1を左クリックすると、パソコンに保存してある写真などを追加できます。3は、図形を描くときに左クリックします。

第5章

1 正解 1

文書を印刷するときは、1のタブを左クリックして、左側の[印刷]を左クリックします。すると、印刷イメージが表示されます。印刷イメージを確認して[印刷]を左クリックして印刷します。

2 正解 1

[レイアウト]タブを左クリックすると、印刷時の設定を変更するボタンが表示されます。1を左クリックすると余白位置を指定できます。2は、用紙の向きを指定します。3は、用紙サイズを指定します。

3 正解 3

文書をPDF形式で保存するには、[ファイル]タブを左クリックし、左側の3を左クリックして保存するファイル形式を指定します。1は、新しい文書を作成します。2は、保存したファイルを開きます。

第6章

1 正解 1

1 のタブを左クリックすると、Backstageビューという画面が表示されます。Backstageビューでは、ブックを開いたり、保存したりするなどのファイルに関する操作を行えます。2 のタブは、セルの書式を設定したり、データをコピーしたりするなど、頻繁に使用する機能のボタンが並びます。

2 正解 3

3 を左クリックすると、ブックが閉じます。1 を左クリックすると、ブックが上書き保存されます。一度も保存していないブックの場合は、保存する画面が表示されます。2 を左クリックすると、エクセルのウィンドウが小さく表示されます。

3 正解 2

表の項目や数値を入力するマス目をセルと言います。名前ボックスには、アクティブセルの位置が表示されます。数式バーは、アクティブセルに入力されている内容が表示されます。

第7章

1 正解 1

セルを左クリックすると、左クリックしたセルがアクティブセルになります。数式バーには、アクティブセルの内容が表示されます。数式バーを左クリックすると、アクティブセルの内容を修正できます。

2 正解 2

エクセルを起動した直後は、日本語入力モードがオフになっています。日本語入力モードのオンとオフを切り替えるには、2 のキーを押します。

3 正解 1

セルのデータを切り取るには、[ホーム]タブの 1 を左クリックします。セルのデータをコピーするには、2 を左クリックします。切り取ったセルのデータやコピーしたセルのデータを貼り付けるには、貼り付ける場所を左クリックし、3 を左クリックします。

第8章

1 正解 1

列幅を変更するには、変更したい列の右側境界線部分の 1 を左右にドラッグします。1 をダブルクリックすると、B列に入力されている文字の分量に合わせて列幅が自動的に調整されます。

2 正解 3

複数のセルを選択し、[ホーム]タブの 3 を左クリックすると、セルが結合します。セルに入力されている文字を中央に揃えるには、文字の配置を変更するセルを選択して[ホーム]タブの 1 を左クリックします。2 を左クリックするとセル内の文字を字下げします。

3 正解 3

数値に桁区切りのカンマを表示するには、数値が入力されているセル範囲を選択し、[ホーム]タブの 3 を左クリックします。1 を左クリックすると、数値の先頭に「¥」が付き、桁区切りのカンマが表示されます。2 を左クリックすると、数値をパーセント表示にします。

第9章

1 正解 1

エクセルで計算式を入力するときは、最初に「=」の記号を入力し、続いてセル番地を使用して計算式を作成します。3 のように数字を直接指定して計算式を作成することもできますが、その場合、計算元の数値が変更になったときに計算式を入力し直す必要があります。

2 正解 2

式をコピーするには、コピー元の式が入っているセルを左クリックし、右下のフィルハンドルをドラッグします。アクティブセルの外枠部分をドラッグすると、セルのデータが移動します。

3 正解 1

合計を求める関数は、SUM(サム)関数と言います。AVERAGE(アベレージ)関数は、平均を求める関数です。COUNT(カウント)関数は、数値データの個数を数える関数です。

第10章

1 正解 3

グラフを作成するときは、最初に 3 の操作を行い、「挿入」タブから作成するグラフの種類を選択します。

2 正解 2

グラフを移動するには、グラフの外枠部分をドラッグします。1 をドラッグすると、グラフの大きさを変更できます。3 をドラッグすると、グラフタイトルの表示位置が変わります。

3 正解 1

グラフにタイトルや軸ラベルなどの要素を追加するには、グラフを左クリックして 1 を左クリックして追加する内容を指定します。2 は、グラフのスタイルを変更するときに使用します。3 は、グラフに表示する内容を絞り込む場合などに使用します。

第 11 章

1　正解　1

表やグラフを印刷するには、1 のタブを左クリックして左側に表示されるメニューから「印刷」を左クリックします。「印刷」ボタンを左クリックすると、印刷が実行されます。

2　正解　3

グラフを選択した状態で印刷をすると、グラフだけが大きく印刷されます。表とグラフを印刷するには、グラフ以外のセルを左クリックしてから印刷イメージを確認して印刷します。

3　正解　3

改ページの指示を入れるには、改ページするセルを選択して［ページレイアウト］タブの 3 を左クリックします。たとえば、20行目以降を次ページに印刷するには、A20セルを左クリックして 3 を左クリックして「改ページの挿入」を左クリックします。

index

記・数

英

あ

か

さ

た

な

は

ま

や

ら

わ

カバーデザイン・本文デザイン　田邉 恵里香
DTP　五野上 恵美
編集　渡邉 健多

技術評論社ホームページ　https://gihyo.jp/book

■ 問い合わせについて

本書の内容に関するご質問は、下記の宛先までFAXまたは書面にてお送りください。なお電話によるご質問、および本書に記載されている内容以外の事柄に関するご質問にはお答えできかねます。あらかじめご了承ください。

〒162-0846
新宿区市谷左内町21-13
株式会社技術評論社　雑誌編集部
「これからはじめる　ワード&エクセルの本
[Office 2021/2019/Microsoft 365 対応版]」質問係
[FAX]　03-3267-2269
[URL]　https://book.gihyo.jp/116

なお、ご質問の際に記載いただいた個人情報は、ご質問の返答以外の目的には使用いたしません。また、ご質問の返答後は速やかに破棄させていただきます。

これからはじめる　ワード&エクセルの本
[Office 2021/2019/Microsoft 365 対応版]

2023年6月2日　初 版　第1刷発行

著　者　門脇 香奈子
発行者　片岡 巌
発行所　株式会社技術評論社
東京都新宿区市谷左内町21-13
電話　03-3513-6150　販売促進部
03-3513-6175　雑誌編集部
印刷／製本　大日本印刷株式会社

定価はカバーに表示してあります。

造本には細心の注意を払っておりますが、万一、乱丁(ページの乱れ)や落丁(ページの抜け)がございましたら、小社販売促進部までお送りください。送料小社負担にてお取り替えいたします。

ISBN978-4-297-13487-7 C3055
Printed in Japan